談合文化

—日本を支えてきたもの—

宮崎 学

祥伝社黄金文庫

本作品は二〇〇九年九月に小社より刊行された『談合文化論』を加筆・修正し、改題したものです。

目次

4 日本に「自由社会」などない

5 談合の起源

6 官製資本主義が談合を生んだ

7 近代法とともに談合が生まれた理由《わけ》

8 官僚文化と土建文化の接点で

9 顔役《かおやく》、金筋《きんすじ》、新聞屋

13 談合の復活が日本を救う

14 大震災が教えたこと

15　日本に本当の自治社会をつくるために

装幀／中原達治

1　大きな社会が小さな社会を貪《むさぼ》り食っている

■「談合」は悪ではない

なぜいま、「談合」などというテーマをわざわざ取り上げるのか。談合というのは、まったく悪いことだというのが世間の通り相場になっているではないか。そういわれるかもしれない。

悪い業者が、入札の前に集まって、だれがいくらで落札するか決めちゃうんでしょう？　それで落札した業者がほかの業者にカネを配るんでしょう？　それって利権につながるんじゃないですか。贈収賄《ぞうしゅうわい》の温床じゃないですか。

それに、そうやって高めに落札された工事費用は、私たちの税金から支払われるんでしょう？　それって、不公正じゃないですか。不当な利得ですよね。

だいたい、そういう業者たちの関係って、民主的じゃないですよね。封建的だといってもいい。民主主義国家とも市民社会とも相容れないものですよね。そんなシステムは合理的じゃないし、濁った不透明なものじゃないですか。

このように、談合というのは前近代的で不合理で不公正、利権と贈収賄にまみれた悪の典型のようにあつかわれている。二〇〇二年（平成一四年）、当時は自民党の鈴木宗男《すずきむねお》議員が世間を挙げて、「悪のシンボル」のようにあつかわれたことがあった。国会の質問で「ど忘れ禁止法を適用したい」とか、「疑惑の総合商社」とか、いいたい放題をいわれた。

そのとき、私は、最初のうちはジャーナリズムの世界ではほとんど唯一、「鈴木宗男は悪くない」と主張したが、実際、その後、私の判断が正しかったことが明らかになった。

実は、談合も同じなのである。談合とは、元来そんな悪いものではなかった。だからこそ、慣行として長い間続いてきたのである。私は、鈴木宗男と同じように、いつか談合の冤罪《えんざい》が晴らされる日が来るだろうと思っている。

■「談合」のもともとの意味

国語辞典を引けば、「談合」とは「話し合うこと」「相談すること」だと書いてある（日本国語大辞典）。そして、より狭い意味での「談合」とは、前近代の村落共同体、近代の農村共同体における自治のための政治的意思決定方式のことだったのである。そのように、生活に根づいた政治文化だったのである。だから、私は「談合文化」という言葉を使っているのだ。

そのような政治文化が、村落、農村だけではなく、近代になってから興《おこ》ってきた土木建設業などの業者仲間に受け継がれて、「談合請負《うけおい》」という方式に発展した。これは入札で仕事を請け負うときに、入札に参加する請負業者が事前に集まって相談して、入札者や入札価格、利益配分などを協定することで、これがいま問題にされている「談合行為」である。こうした行為は、土木建設業者だけでなく、たとえば官庁の刊行物製作を請け負う印刷業者などさまざまな業者の間でおこなわれてきた。

この「談合請負」にしても、かならずしも悪いものではなかった。のちにあらためて、詳しく明らかにするが、「談合請負」はもともと、発注側の官公庁に対して、契約上、対等はおろか、はるかに弱い立場におかれてきた受注側の業者が、自衛と抵抗のために結びつき合うことで生まれたものなのである。それは、業者にとっては、労働者の団結権の行使にあたるものだったのだ。それはけっしてこじつけの比喩《ひゆ》ではない。「談合」は、業者仲間がつくっている小さな社会がもつ自治機能の一つだったのである。したがって、それはひとつの文化となった。

それでは、その「小さな社会」とは何か。その自治機能とはどういうものか。

■自治としての談合

社会というと、日本社会やアメリカ社会といった「大きな社会」だけが社会のように思われているようだが、大きなまちがいだ。日本語の「社会」というのは、英語の society やフランス語の société というヨーロッパの言葉を明治になってから翻訳してつくった言葉だが、society や société のもともとの意味は「仲間内で結びついた者たち」なのである。つまり、「社会」とは、もともと「仲間内」のことだったのである。

これについて詳しくは『法と掟と』(角川文庫)に書いたので見てほしいが、そこでものべたように、仲間内といっても、いろいろなものがある。同じ職場で働く者の仲間内、同じ地域で暮らす者の仲間内、同じ宗教を信ずる者の仲間内、同じ政治的立場を共有する者の仲間内など、さまざまである。それらの仲間内がそれぞれ一つ一つの「社会」をなしているのである。これが社会のもともとの姿である。

このような「小さな社会」が寄り集まって日本社会やアメリカ社会といった「大きな社会」ができているわけだが、これは、もともとの「小さな社会」と比べると、仲間といっても具体的な結びつきによるものではなく、ずっと抽象的なものである。WASP(白人のアングロサクソンのプロテスタント)と移民労働者のヒスパニックのカトリックが同じアメリカ社会に属しているといっても、それはほとんど連邦政治制度を同じくしているというだけの抽象的なレベルのことにすぎない。

日本の場合も、これよりは具体性があるけれども、それでも、北海道に住んでいても沖縄に住んでいても同じ日本人仲間だといえるのは、基本的に共通の制度・習慣という上澄みにおいてのことであり、それも近くの仲間の間での具体的な結びつきを通してこそ、生きたものになってくるのだ。だから、「大きな社会」も社会のもともとの姿である「小さな社会」が壊れてしまえば、成り立たなくなっていくのである。だから、「小さな社会」をつぶすことが、ひいては「大きな社会」を壊すことにつながっているのである。

■談合つぶしで壊されているもの

いま日本では、よってたかって、この「小さな社会」としての仲間内の結びつきを壊すことに血道があげられているのである。官僚と大企業にリードされた「大きな社会」が、国家の力を借りて、「小さな社会」をつぶし、つぶれた小社会が育《はぐく》んできたものを貪《むさぼ》り食って肥《こ》え太っているのだ。談合つぶしはその一環である。

談合というのは不公正なものだ。不透明で公明正大でないやりかただ。そのうえ、もっと安くできるはずのものを談合で高くつり上げて、われわれの税金をかすめとってきた。談合をやめさせたら、落札価格が下がったのは、歓迎すべきことで、これをもっと進めて透明で公正なシステムにするべきだ。こういったところが世論の大勢だろう。こうした世論に乗って談合つぶしがほぼ完璧に遂行された。だが、これから明らかにしていくことだが、そういう方向で透明性や公正を求めていってもダメなのだ。

むしろわれわれはいま、小泉《こいずみ》「構造改革」による「競争原理導入」がどのような事態を生みだしたのかを思い出すべきなのである。

小泉改革については、のちにあらためて見るが、最大の問題は、グローバリゼーションに対応するとして、人々をばらばらにして競争させることばかりを強《し》いて、あらゆるところで仲間のつながりを壊しまくっていったことだ。仲間集団や団体にまとまって自分たちの利益を守ろうとすると、それは既得権にしがみついて競争を阻害し、自分たちだけいい目を見ようとするものだと攻撃され、場合によっては「利権集団」とまでいわれた。仲間で結束しようとすると、自分たちの利益だけを考えるあさましい連中であるかのように見なされたのである。

これによって社会が壊されている。このままでは社会そのものが成り立たなくなってしまう。まず「小さな社会」がつぶされていくと、弱い者が頼るところがなくなってしまう。しかたなく「大きな社会」に頼るしかなくなる。そうして、「大きな社会」を牛耳《ぎゅうじ》る大きな資本と国家官僚のいいなりになってしまう。ところが、そうなってしまうと、社会の本来の活力が失われていく。そして「大きな社会」も壊れていくのである。

いまの日本は、その過程にある。「小さな社会」がつぶされつづけたがために、「大きな社会」にもすっかりガタが来はじめている。このままだと「大きな社会」も壊れる。そうなったら、大きな資本や政府だって困るはずなのだ。そうならないうちに手を打たなければならない。

談合を復活せよ

だから、私は、「競争をどんどんやらせろ。談合をやめろ」というおおかたの声に逆らって、反対に「競争をやめろ。談合をどんどんやれ」といいつづけているのだ。そうしないと、仲間が解体されていってしまうからだ。「小さな社会」において談合を通じた自己決定によって競争を制限し、自治秩序をつくっていかなければならないのだ。それが社会を再生させる途《みち》なのである。

私がいっているとおりにしなければ生き残れないことを、いまこそみんなで認識して、談合の反旗を翻《ひるがえ》さなければならない。そういうと、アウトロー宮崎は、違法な談合を復活させようといっているのか、と訊《き》かれるかもしれない。答えは、イエスでもあり、またノーでもある。私が復活させなければならないと考えているのは「小さな社会」の自治である。同じ職場で働く者の仲間内、同じ地域で暮らす者の仲間内などいろいろな仲間内が「小さな社会」をしっかりつくって、そこで生じる問題をできるだけ自分たちで処理していこうとすること、それが必要だということだ。

そして、そうした「小さな社会」の自治を運営していくためには、「談合」がおこなわれなければならない。というか、談合というのは、もともとそういうものだったのだ。

そうした談合のうち、どういうものを違法とするかは、そのときどきの「大きな社会」つまり全体社会の問題であり、したがって政治の問題である。あらかじめ、良い談合と悪い談合があるわけではなくて、その区分は、そのときどきに政治的に決められることなのだ。しかも、そのとき、政治が悪い談合と決めたことでも、その「小さな社会」にとってどうしても必要な談合なら、やらなければならないのである。私が「イエスでもあり、またノーでもある」といったのは、曖昧《あいまい》化や逃げ口上ではなくて、そういう意味なのだ。

「自治としての談合」は、たとえ違法とされようが、いつでもやらなければならないのだ。実際に、談合がつぶされたあとにも、これに抵抗して仲間を守ろうとする「土建屋の逆襲」がおこなわれてきたのである。「自治としての談合」とはどういうものかを明らかにする前に、この逆襲がどのようにおこなわれてきたのかを見ておこう。

2 土建屋の逆襲

■なぜ災害復旧工事に協力しなくなったのか

『西日本新聞』二〇〇七年（平成一九年）九月一六日付朝刊は、「建設業協会佐伯《さいき》支部　入札への要望拒否に対抗　市との災害協定　破棄」という見出しで、大分県佐伯市での出来事を報じている。

県建設業協会佐伯支部（佐藤元《さとうはじめ》支部長）は14日、佐伯市と締結している災害時の応急対策活動に関する協力協定を破棄するとの申し入れ書を西嶋泰義《にしじまやすよし》市長あてに提出した。公共工事の入札について要望が受け入れられなかったことへの対抗措置。

西嶋市長は「誠意を持って回答したが、理解が得られず残念」とのコメントを出し、現状では要望を受け入れない考えを示した。

同支部は公共工事の減少にともない厳しい経営環境にあるとして（1）高落札率入札調査制度の撤廃（2）協会会員相互の指名（3）本年度工事の早期発注（4）低入札価格調査の失格基準設定を市に要望、業界への配慮を求めていた。

西嶋市長は要望に対して文書で回答。協会会員に配慮する相互指名について「（現行入札制度は）競争性や公平性、透明性を確保しつつ指名している」として、変更を拒否。落札率が高い場合に調査する制度については「4月から試行し実効性を検証しているところで、撤廃について判断するのは尚早《しょうそう》」として、撤廃の要望を受け入れないと答えた。

回答に対して、同支部は「誠意が見られず、失望の念に堪えない」として、協力協定の破棄に踏み切った。

これはかなり重大な出来事である。土建業や談合についてあまり詳しくないむきには、ちょっとよくわからないところがあるかもしれないが、要するに、建設業協会は、改革された公共事業入札方式が地元建設業者に著《いちじる》しい苦境を強《し》いているから改めてほしいといっているのに受け容れられないので、災害復旧工事に協力できないというのだ。事の重大性については、少なくとも、地域住民の立場で考えてみれば、災害復旧工事に地元建設業者が協力しないというのだから、かなり困ったことになるのはわかるだろう。

大分は台風のルートにあたることが多く、夏には毎年のように災害が起こる。橋が落ちたり、崖《がけ》が崩れたりしたら、自治体と災害時協力協定を結んでいる地元の土建業者が迅速に工事に取り組んで、復旧させていた。ところが、業者がその協定を破棄して、工事をしないといっているのだから、大変だ。

もともと、災害復旧工事のようなものは、地場産業としての土木建設業がもっとも優先してきた仕事である。こういう仕事によってこそ、地場産業としての存在意義が明らかになり、地元企業としてのアイデンティティも認められることになる。だから、重視してきたはずなのだ。

私の親父が京都で土建屋をやっているころには、土建屋はみんな災害救援や復旧工事となると喜んでやっていたものだった。地震や洪水があると、若い者をトラックに鈴なりに乗せて、すっとんでいったものだ。役所のほうも、無理を利《き》かせるからと、現ナマの即金で工賃を払ってくれたりしたという。土建屋と役所がいちばん一体になれたのが災害復旧だったのかもしれない。かつてはそうであったはずなのに、いま災害復旧工事に協力しないというのは、よほどのことである。

どうしてこんなことになったのか。

■一般競争入札がもたらしたもの

小泉純一郎《じゅんいちろう》内閣が進めた構造改革のなかで、公共事業をめぐる談合に対する風当たりは非常に強くなった。そして、ついには、二〇〇五年（平成一七年）一二月に建設業界は、大手ゼネコンの主導で「脱談合宣言」を出して、「もう談合はいっさいいたしません」と誓わされることになったのだ。この年には、すでに談合取り締まりを強化する内容の改正独禁法が施行されていた。こうして、談合排除の大風が日本列島を吹きわたることになった。

談合排除は、国から地方自治体へと急速に波及していき、自治体は、公共事業のあらゆる面で指名競争入札から一般競争入札への転換を拡大して業者の競争を促《うなが》し、工事単価をしぼることに狂奔《きょうほん》した。一般競争入札は、指名競争入札のように入札業者を事前に選定せず、アウトサイダーを含めてだれでも競争に参加できるから、競争は激しくなり、それまでのやりかたでは抑制されていたダンピングも出てくる。

公共事業入札に際して実際の落札価格が事前に発注側が設定していた予定価格の何％だったかを示す数字を落札率というが、この落札率は、小泉内閣が発足した二〇〇一年（平成一三年）には、国と地方全体の全国平均で九六％だった。ところが、「脱談合宣言」を経て談合禁止が強化されたあと、小泉が退陣した二〇〇六年（平成一八年）には九〇％を切っている。平均でこれだから、個別ではかなり低い価格での落札があり、明らかなダンピングも起こってきているのはまちがいない。

一方で、公共事業の発注自体が、国でも自治体でも減りつづけていた。地域によるが、だいたいそれ以前より三割から四割発注が減ったという地方がめずらしくない。その急減したパイを取り合って、中小土建業者がひしめき合った。発注が減って、競争が激化すれば、過当競争になってくる。当然、利益率が下がりつづけた。そうなってくると、大手はもちこたえられても中小は苦しくなってくる。実際に、二〇〇五年以降に中小建設業者の倒産件数が目立って増えてくるのも不思議ではない。

倒産が増えただけではなかった。二〇〇五年以降、公共事業の入札で落札業者が出ない入札不成立が相次ぐようになったのだ。低価格競争が激化し、その結果として公共事業の入札自体が成り立たない事態が現れはじめたのである。低価格競争が激化すれば、設定された予定価格では採算がとれないために落札できる業者が現れないケースが目立ちはじめる。こうして、公共工事入札の一〇件に一件以上で落札業者なしになっているのが現状なのだ。具体的に見てみよう。

官製談合で相次いで逮捕された県知事たち。左から佐藤栄佐久・前福島県知事、木村良樹・前和歌山県知事、安藤忠恕・前宮崎県知事。これ以後、談合は激減したが、落札率の低下という事態を招いた。

（写真／共同通信）

■プラスの談合、マイナスの談合

二〇〇六年に県発注工事をめぐる談合事件で佐藤栄佐久《さとうえいさく》前知事が逮捕・起訴された福島県では、新知事の佐藤雄平《ゆうへい》知事が入札制度改革に全面的に取り組み、二五〇万円以上の工事に一般競争入札を導入、しかも電子入札制度で建設業者の事前の相談も防ぎ、実質的にほぼすべての公共工事で談合が不可能になった。その結果、落札率は急速に低下、平均で八〇%から七五%にまで落ちているという。このため、河川の堤防改修などの災害復旧工事をはじめ、県道など四〇キロの除雪作業を請《う》け負《お》う業者が決まらないという事態にまでなった。同時に、〇七年一月～一二月の県内建設業倒産件数は五九件と、前年に比べ約四八%も上昇したのである。

宮崎県では、談合事件に絡んで逮捕された安《あん》藤忠恕前知事《どうただひろ》に代わって二〇〇七年一月に就任した東国原英夫知事《ひがしこくばるひでお》が、四〇〇〇万円以上の工事で一般競争入札を導入、その後一〇〇〇万円以上、二五〇〇万円以上と範囲を広げていった。その結果、〇五年度に九七%あった落札率は、〇七年四月〜六月平均で約八〇%までに急速に下降。一方で、〇七年一月〜一一月の建設業者の倒産件数は五二件、前年同期比で倍増となった。

典型的な二つの県を見てみたが、どちらでも、確かに談合はものすごく減ったことだろう。入札談合というかたちでは、もはやゼロになったかもしれない。だが、その結果は、どうか。とても採算に合わないような低価格での落札が現れるようになり、中小土建業者の経営が逼迫《ひっぱく》した。さらに、住民の生活に是非とも必要な災害復旧工事を含めて、公共事業の契約が成立しないという事態、地方が疲弊《ひへい》し地方産業が空洞化しているなかで重要な地場産業である土建業の企業が次々に倒産しているという事態が現れた。これは、深刻である。

そこで、中小土建業者が、地域で結束して、自治体と地場産業の関係の再構築、公共事業入札制度の再検討を求めて、アクションを起こしたのが、最初に引いた新聞記事にあるような動きだったのである。佐藤元・県建設業協会佐伯支部長は「国や県に対しては、従来どおり復旧の協力をおこなう。だが、経費削減のため建設会社の社員の年収は三五〇万円になってしまった。業者は十分苦しんでいる。市長や議員の人気取りでこれ以上、建設業が狙い撃ちされるのは許せない」と怒りの談話を発表している。

こうしたアクション自体、一つの談合に基づくものといえる。どの企業が落札するかを協議するのがプラスの談合とするなら、どの企業も落札しないようにするために協議するのだから、これをマイナスの談合と呼んでいいのではないか。そのマイナスの談合の結果起こされた行動は、ボイコットであった。これは、土建屋のストライキなのである。

この佐伯市のケースにかぎらず、全国各地で公共事業の落札が成立しなくなっている背景には、自然にそうなっただけではなくて、地元建設業者の暗黙の——あるいは隠密《おんみつ》の——マイナスの談合があるのではないか、と思われる。実際にそうだとしたら、これは当然のレジスタンスである。そして、こうした抵抗が今後、さまざまなかたちで発展してくることが考えられる。土建屋の逆襲が始まっているのだ。

■「脱談合」の裏側

そもそも「脱談合宣言」なるものがうさんくさかった。

さっき「もう談合はいっさいいたしませんと誓わされた」と書いたが、「構造改革」「市場原理万能」「競争原理優先」の風が吹き荒れるなかで、「余儀なくされた」という面が「脱談合宣言」の表側の半面である。だが、それはあくまで表側の半面であって、もう半面の裏側には、大手ゼネコンの策謀があったのだ。その策謀がいかなるものであったのかは、「脱談合宣言」以降の彼らの行動が示している。

「脱談合宣言」以降、全国いたるところで、大手ゼネコンが地域の建設業協会から脱会する動きが現れた。都道府県レベルの広域の協会からは抜けないけれど、たとえば神奈川県建設業協会でいえば川崎《かわさき》支部とか横須賀《よこすか》支部といった主要都市ごとにある協会支部からは抜けていく。そういう脱退行動が目立ったのだ。「私らは、談合はいっさいしないことを宣言したんだから、地域の業者、地場の業者と協調する必要はない」というわけである。だが、本心はそんなところにはない。実際の意味はどういうことかというと、「脱談合」をタテマエとして押し出して、地域ごとのローカルな建設市場に対しては、たとえば公共工事の入札において、協会のアウトサイダーとしてフリーな立場で臨《のぞ》むぞ、ということなのである。

その背景には、全体として公共事業の発注自体が国でも自治体でも減りつづけているなかで、大手ゼネコンは、これまで重視してこなかった小さな公共工事も拾うようになってきたことがある。そして、さっき見たように、地方自治体では公共工事の一般競争入札が拡大しているから、大手ゼネコンはアウトサイダーとして自由に参入できるわけで、そのためには地場の業者との義理のしがらみは切っておかなければならないというわけだ。

そして、そういうローカルな市場で、大手が本気になって受注に力を入れれば、地域の小零細企業など問題にならない。

大手ゼネコンは、安価な材料の調達、下請《したうけ》の単価削減などで工費を安くできる点で中小より優位に立っている。しかも、ゼネコンが受注したといっても、仕事は下請・孫請にやらせるのだ。ゼネコンが低価格で落札して受注しても、それを下請に転嫁することが可能なのが建設業界なのである。そのしわ寄せが、下請・孫請から末端の労働者のところまで行ってしまう。ダンピングで受注したゼネコンは、下請価格を叩く。下請は赤字になってしまうから、労働者の賃金を切らざるを得ない。

そのうえに、ゼネコンは、一つ一つの工事で黒字を取らなくても全体で埋め合わせることができるだけの足腰をもっている。だから、採算割れしても落札しようと思ったらできるのだ。ところが、中小はそうはいかない。発注の減少で赤字体質になっているうえに、そんなことをやったら、すぐに倒産につながる。

そして、このような大手ゼネコンの行動が、ダンピングをはびこらせることになっているのだ。たとえば、長野県では、二〇〇三年（平成一五年）に、公共事業の入札方式を指名競争入札から受注希望型競争入札に改めた。ところが、それによって談合秩序を失った建設業者によるダンピング競争の結果、落札率が三〇%台にまで落ちるケースも出はじめることになってしまった。そこで、落札率七五~八〇%を歯止めとする「失格基準」が設定された。これは必要な措置で、前に引用した新聞記事で「低入札価格調査の失格基準設定」が要求されていたのは、そのためだ。

だが、それで問題が解決されるわけではない。私は、受注希望型競争入札と並んで長野県が採用した総合評価落札方式(価格だけでなく初期性能の維持、施工《せこう》時の安全性や環境への影響など価格以外の要素を評価基準に組み入れて価格と技術提案の内容を総合的に評価する方式)を評価するが、これも競争入札による低価格化が先行するために機能していない。もっと根本的な対策が必要である。

程度の差こそあれ、これと同様の事態が全国で起こっている。

あとで、談合の歴史をふりかえるときにのべるが、もともと談合はダンピングを防ぐことを一つの目的としておこなわれはじめたものなのだ。その談合の全面禁止がダンピング復活を招いたことは、ある意味で当然のことだったのである。そして、ダンピングの氾濫《はんらん》は、中小土建屋にとってきわめて重大な問題なのである。

■親方が首をくくった

鳶《とび》土工や鉄筋工など建設職人の団体である大阪府建団連の会長・北浦年一《きたうらとしかず》は、インタビューに答えて、次のように訴えている（日経ビジネスオンライン二〇〇八年三月二八日）。

「談合がなくなって何が起きたかと言うたら、自由競争という大義の下にダンピング競争が始まった。……この間、四国の親方が首をつって死んだ。私らの仲間や。経営に失敗したと言えばその通り。ただ、（こういった現状で）犠牲になる人はものすごく多いんやで。言葉は悪いが、ダンピングは談合よりもっと質《たち》が悪い。談合は金（の問題）やけど、ダンピングは人の命を奪う」

まったくそのとおりだ。私は、かつての同業者として、よくわかる。

また、極端な低額受注は、工事の質の低下にも影響しかねない。談合は、また、もともと野放図な低価格競争によって手抜き工事や技術の低下が起こるのを防ごうという意味をもっていた。その歯止めがなくなった。私は、工事の質がまちがいなく低下していると思う。それだけではない。北浦年一は、こうのべている。

名古屋市営地下鉄桜通線の工事現場（名古屋市緑区）。大林組をはじめ複数のゼネコンが談合に関わった。2007年10月、名古屋地裁で罰金2億円の判決が確定。
（写真／共同通信）

「もっと品質が悪くなってくると思うよ。職人の腕がぐんと落ちている。教育してないもん。親方も教育に回すカネがない。それで、私がゼネコンに言うやん。『職人の育成にゼネコンも力を入れてくれませんか』って。そしたら、『落ちてもいい。誰にでも作れるようにしているから』と。こんな言い方あるか」

「脱談合宣言」がもたらしたのは、こういう事態なのである。しかも、それでは大手ゼネコンは談合をやらなくなったのかといえば、そうではないのである。ゼネコンの談合がなくなっていないのは、「脱談合宣言」が出された直後の二〇〇五年一二月におこなわれたとして摘発された名古屋地下鉄談合事件が示している。

これは、名古屋市営地下鉄六号線（桜通線《さくらどおり》）の延伸工事の入札にあたって、スーパーゼネコン大林組《おおばやしぐみ》のOBが仕切り役になって、共同企業体の構成、工区ごとの落札予定者を決める会合がおこなわれたという事件で、二〇〇七年一〇月、名古屋地裁で罰金二億円の判決が出て、確定している。この談合には、大林組だけではなく、鹿島《かじま》、清水《しみず》建設などのゼネコン各社が参加しており、「脱談合宣言」なんてどこ吹く風であったことがわかる。自分たちだけの仲間内では、こういうことをしていたのである。愛知では、中部国際空港建設工事など大規模な公共工事がひかえているから、またぞろ、もっと隠密裡にゼネコン談合がおこなわれるかもしれない。

こうして見てくると、「脱談合宣言」の裏側に何があったのかが見えてくる。大手ゼネコンにとっての「脱談合宣言」とは、一方で、地方公共事業における参入障壁であった地場中小企業による談合を排除して、入札競争にフリーハンドで参加できるようにすることだったのだ。そして、この種の比較的小さな公共事業までこまめに拾い集めて落札してきた。その一方で、大手にしかできない地下鉄工事のような公共事業では、自分たちだけで秘かに談合することはやめず、利益を確保していく、ということだったのである。

ゼネコンの「脱談合宣言」には正義はない。土建屋の逆襲にこそ正義がある。

■官僚支配が「社会」を壊す

談合というのは不公正なものだ。不透明で公明正大でないやりかただ。そのうえ、もっと安くできるはずのものを談合で高くつり上げて、われわれの税金をかすめとってきた。談合をやめさせたら、落札価格が下がったのは、歓迎すべきことで、これをもっと進めて透明で公正なシステムにするべきだ。――こういったところが世論の大勢だろう。だが、そういう方向で透明性や公正を求めていってもダメなのだ。そのことは、いま見た「脱談合宣言」以降の事態が示している。もっと広くいえば、小泉「構造改革」による「競争原理導入」がどのような事態を生みだしたのかを思い出すべきである。

■「自治としての談合」の復活

1章の「自治としての談合」でのべたが、日本語の「社会」は欧米の言葉を翻訳してつくった言葉であり、もともとの意味は「仲間内」である。だから「小さな社会」のことなのだ。それが集まって「大きな社会」になる。

いま日本では、よってたかって、この「小さな社会」としての仲間内の結びつきを壊すことに血道《ちみち》があげられているのである。このままでは社会そのものが成り立たなくなってしまう。まず「小さな社会」がつぶされていくと、弱い者が頼るところがなくなってしまう。しかたなく「大きな社会」に頼るしかなくなる。そうして、「大きな社会」を牛耳る大きな資本と国家官僚のいいなりになってしまう。ところが、そうなってしまうと、社会の本来の活力が失われていく。そして「大きな社会」も壊れていくのである。いまの日本は、その過程にある。「小さな社会」がつぶされつづけたがために、「大きな社会」にもすっかりガタが来はじめている。このままだと「大きな社会」も壊れる。そうなったら、大きな資本や政府だって困るはずなのだ。そうならないうちに手を打たなければならない。

くりかえしていう。「小さな社会」を守るための談合、すなわち「自治としての談合」は、たとえ違法とされようが、いつでもやらなければならない。

それでは、「自治としての談合」とはどういうものか。それをはっきりさせるために、談合のそもそものところにさかのぼって考えてみることにしよう。

3　日本の基層社会で起こっていること

■建設現場は史上最悪——業界幹部の嘆き

談合とはそもそもどういうものだったのか、というところにかえって考えてみる前に、もう少し、現在の状況の中で何が問題になっているのかについて、明らかにしておこう。それを明らかにすることを通じて、いまなぜ談合を問題にしているのか、なぜそれを日本社会論として取り上げるのかをわかってもらいたいからだ。

そのために、前章で発言を引用させてもらった大阪府建団連の会長・北浦年一に会って、話を聴《き》いた。そして、いま日本社会の基層では、私が考えていたとおりのこと、いや、ある面では考えていた以上に深刻な状況が広がっていることがわかったのである。

北浦は、私の主張している「談合復活」論、すなわちいまの状況を切り開くには談合を大いにやること、やれるようにすることがどうしても必要だ、という論には反対である。談合よりも、業界のなかで、また行政において、下請業者が泣かなくてすむようなシステムをつくるのが先決だという。北浦は、業界団体の幹部だし、行政とのつながりも強いから、立場上、そういう方向を取ることはわかる。だが、談合復活か、公正なシステムか、という方向の違いは別として、その前提としての状況認識については、北浦のほうが、当事者であることもあって、私などよりずっと厳しく見ている。

北浦は、一九五五年（昭和三〇年）に鳶《とび》・土木の専門工事業者である北梅組《きたうめぐみ》に入社して以来、五十数年にわたって、土木建設業に携《たずさ》わってきた。北梅組はやがて大工、鉄筋・鉄骨工事のサブコンに発展し、北浦は二代目の社長になり、やがて会長、相談役と、代表職を務めてきた。そんな土建一筋の北浦が、「五〇年以上現場で働き、現場を見てきたが、いまがいちばん悪い。史上最悪の状況や」という。

「建設現場に活気がないのや。みんな下向いて働いとる。いややなあ……いう感じや。子供が学校行くのしんどいいうのと同じや。親方も職人も、みなそうや。そりゃそうやろ。働けば働くほど赤字になる仕事受けてやっておるんやからね」

同席していた京都で長く建設業をやってきた上田藤兵衛《うえだとうべえ》が、「実感やなあ……」と溜息《ためいき》をつくようにいった。「ほんまにそうや」。この大ベテランたちがそういうんだから、現状が史上最悪なのはまちがいがない。

どうして最悪なのか。一つには、なんといっても、前章に書いたように、ダンピングだ。積算価格どおりにやっても儲《もう》からないときがあるのに、その八〇%、七〇%では絶対に赤字、それでも、仕事を取らなければならないのが、いまの土建屋の状況となれば、「子供が学校行くのしんどいいうのと同じ」になるのもわかるというものだ。

もう一つは、ダンピングと深く関連していることなのだが、現場が荒れているということだ。荒れているといっても暴力ではない。気風が荒廃しているということだ。「つくる」ことの喜び、「いいもんをつくってやろう」という職人の意気が失われてきている。

価格一辺倒の競争になれば、品質は二の次になる。納期だけは相変わらず厳しい。そうなれば、丁寧《ていねい》な仕事、職人の技に価値がおかれなくなる。むしろそういうものがじゃまになる。技が尊重されず、じゃまにされれば、職人にやる気がなくなるのは当たり前だ。

職人の技に対する評価がされなくなれば、賃金も落ちていくことになる。私の記憶では、鳶の日当は、バブルのころ東京で、一日三万五千から四万円あった。それがいまは一万三千から五千円だという。国家試験一級に当たる試験を通った技術をもつ職人で、その賃金である。かつて、大工や鳶は、仕事はきついがカネはいいというのが相場だったが、それも今は昔である。サラリーマンの平均賃金より低くなってしまい、大卒の娘が就職したら、その道何十年の父親の大工より年収が高かった、という笑えぬ話があるそうだ。

北浦は、「だから、職人が育たん。どんどん腕が落ちてきとる。いまに、ましな仕事できる職人おらんようになるで」と嘆く。というより、それはすでに現れてきているという。「私が見とるだけでも、『ええ職人がおったら、こんなんしまへん』いう施工例がいっぱいあるよ」

価格競争にのみ走ることで、現場が暗くなり、職人がいなくなっていく——これは、「業」として成り立たなくなっていく兆候である。そして、それは建設業にもっとも端的に表れてきている症状だが、建設業特有のことではない。いま日本の産業全体に広く蔓延《まんえん》している病弊《びょうへい》がもっともはっきりしたかたちで表れているのが建設業だということにすぎないのではないか、と思う。そこに日本社会の基層で起こっている重大な問題がある。

日本の産業、特に製造業の最大の強みは、技術力だった。技術力といっても、日本が強いのは、最先端技術の開発力や、エリート・エンジニアの技術力では必ずしもなかった。それだったら、アメリカやドイツのほうがずっと強かった。日本が強かったのは、先端技術よりも中間技術、研究所で研究開発される理論技術よりも生産現場に即して応用開発される実践技術だった。そして、そうした中間技術・実践技術のレベルの高さを支えていたのは、単にカネを稼ぐためだけではなく、使う人たちのためにものづくりをするという職人・技能労働者の意識であった。

だが、それは、職人や労働者がいまより優秀だったとか、がんばっていたとかいうことでは、必ずしもない。日本社会全体がそうだったのだ。日本の中間的・実践的な技術力を支えていたのは、日本社会全体の価値観、評価意識だったのだ。そして、いま、それが全面的に崩壊を進めているのだ。だから、それは、単に産業界の問題ではない。日本社会の基層において、重大な崩壊現象が進んでいることを示しているものにほかならない。

■「手抜き」よりも恐ろしいこと

二〇〇八年に入ってから、何回か続けて中国に行った。中国の大都市では、北京オリンピックに向けて、開発にさらにドライブがかかっていた。深圳《シンセン》あたりでも、さらに新しい高層オフィスビルが建てられていたりする。

私は、解体屋をやっていたことがあるから、建物を見ると、「こいつを解体するときはどうするか」「どの程度の手間がかかって、どの程度の余禄があるか」などと値踏みするのがクセになっている。その目から最近の中国の建築を見ると、「これ、どうやって解体する気やろ。ヘリでも使わんと壊せんで」という奇っ怪なビルがあったりする。つぶすことを考えないで構造を設計しているから、つぶすとなったら死者が出ることになりかねないわけなのだ。あるいは、壁をたたいてみて、「これはかなり鉄骨抜いとるな。地震でも起きたらヤバイな」とわかる手抜きビルなどが散見される。

だが、これらは、必ずしも設計ミスや手抜き・偽装ではない場合がある。そして、そうではないからこそ、むしろ恐ろしいのだ。手抜き・偽装といったものは、そうやってはいけないことは充分に承知しているのだけれど、諸般の事情からやむをえずそうやってしまうという性格の行為である。だから、確かに危険だけれど、決定的な危険まではいかないのが普通である。さすがに、そこはセイブするのだ。鉄骨何本抜いたらほんとにヤバイかは、やるほうがわかっている。それが手抜き・偽装である。

ところが、ミスかどうかも考えず、手抜き・偽装をしているという意識すらなく、「これだけのコストで、これだけのものを建てるんやったら、こうするしかないやろ」ということでやられているケースがいちばんこわいのだ。現在の中国には、こういうケースがかなりあると思われる。なぜそうかというと、それは、現代中国では、まったくむきだしの、ある意味では「純粋な」競争がおこなわれているからだ。政治権力という枠はあるものの、その枠が競争を規制する方向には働かないなかでは、そういう食うか食われるかの競争になっている。

資本主義のもとでの競争とは、発祥の地ヨーロッパにおいても、もともと生きるか死ぬかの闘争であった。資本主義というのは、いったん利潤として確保したものを、ふたたび資本として市場に投下してしまうという冒険を続けていくことを本質としている。儲かったところで止まってしまってはダメなのであって、みんながそこで止まってしまったら資本が回転しなくなって、資本主義は終わってしまう。だから、勝ち逃げは基本的にできないようになっているのだし、儲けたものをもう一度注ぎ込むというかたちで、つねに生きるか死ぬかの闘いを続けているのが資本主義経済なのだ。

しかし、生きるか死ぬかの闘争がむきだしにおこなわれて、いつでも死屍累々《ししるいるい》というのでは困るから、資本主義も成熟してくると、さまざまなかたちで競争の組織化がおこなわれて、安定した資本の回転が確保されるようになった。ところが、そうなると、安定はしているが、利潤率が次第に落ちてくる。儲けが薄くなっていく傾向が定着してしまうのだ。資本主義の長期低落現象である。この状況をなんとかしようとして、生きるか死ぬかという原点にもどって、死ぬ覚悟を強いることによって生き生きとした活力をとりもどそう、危ないけれど儲けが大きい（利潤率が高い）資本主義に再生させようというのが、いま世界を席巻している「新自由主義」といわれるものなのだ。

中国は、資本主義発達が「遅れて」いるから、むきだしの競争、生きるか死ぬかの闘争がおこなわれているというよりも、グローバリゼーションによって世界を覆《おお》った「新自由主義」が中国にもそういうものを新しく生みだした、という側面のほうが強い、と私は思う。そういう意味では、現代中国資本主義は「進んで」いるのだ。そして、日本社会において、これまでの比較的安定した社会関係を壊す方向に働いている力も、中国を変えている力と同じものだと考えなければならない。だとすれば、日本も中国のようになる可能性がある。

北浦も、「明日は我が身いうことがある。他人事《ひとごと》やないで」という。いま、日本でも、手抜きとは別の、背に腹は代えられない品質無視が、小さなところから始まっている、というのである。

「いま、ペンキ三回塗らなあかんとこ二回ですませとるのは、手抜きやなくて、コストに迫られてやむをえずやっとることや。これが続いて、『やむをえず』という意識が薄れていったら、コスト優先で品質はどうでもええというところまで行く可能性はあるな。中国で起こっとることは他人事やあらへん」

「手抜きいうのは、ああ悪いな……だけど、このくらいやったら、なんとかなるやろ……と意識してやっとることや。その意識がなくなったら、もうそれは手抜きどころか、根本的な間違いや。いま、日本でもそういうケースが増えてきとるよ」

そうならないようにする歯止めはどこにあるのか。むきだしの競争、ともかく勝たなければならん、あとはどうでもええという状態に、これまで歯止めをかけてきたのは、もともとは、組織された資本主義による競争の規制だったのではない。ただ勝つだけ勝ってどうするんや、おれらなんのためにものをつくっとるんや、という、実際にものづくりに当たっている職人や労働者の思い、そこからの抵抗が、歯止めになってきたのだ。

そこに「自由競争」などない

これは、綺麗《きれい》事でいっているのではない。仕事を守ってきたのは、高踏《こうとう》ぶった経営者の「志《こころざし》の経営」とか「モノよりココロ」などというゴタクではなくて、実際に仕事を現場で担ってきた職人・労働者の「いい仕事をする」意思だったのだ。世に「○○マンの誇り」といわれるものも、そういうものに支えられていたのである。

そして、それが社会的に認知されていた。だから、競争というのは、単なる価格競争ではなかった。少なくとも品質と価格の競争だった。「いいものは高い」「安いものにはわけがある」というのが当たり前だったのだ。ところが、いまのダンピングを呼んでいる品質抜きの価格競争は、これを崩している。しかも、それが歯止めなく拡大していこうとしている。

それに、そもそも、建築物というのは、たとえば家電や自動車のような消費財と違って、品質が消費者のだれの目にもわかって自由に選択できるという商品ではない。出来上がる前に買わなくてはならない商品だし、出来上がった後だって、外観は見えても、いったい土台はどうなっているのか、内部の骨組みがどうなっているのか、壁のなかはどうつくられているのか、わからない。仕様どおりになっているのか、手抜きがあるのか、仕様どおりであっても、丁寧につくられているのか、雑につくられているのか、わからない。

それは、建築という商品の品質が、家電や自動車のようにオートメーションで全部仕様どおりにできるものと違って、施工に当たる職人・労働者の技術と良心に大きく左右されるものだということから来るものだ。だから、施工業者が信頼できるかどうかが、商品選択の大きな基準になってきたのである。

「よりよいものをより安く」というと、よさげに聞こえるが、それは消費者、利用者に判断材料、判断能力が充分あることを前提にしての話、それがない状況のもとでは、製造者がよい品質と適正な価格を提供できるようにする条件づけが前提として必要なのだ。

「ところが、ある時期から、ゼネコンがマーケットインということを言い出しおった。施《せ》主《しゅ》様が神様であって、これだけの価格でこういうものがほしいといったら、それに合わせるのが筋だというわけや。だけど、これはわしら下請にとっては、単に発注先であるゼネコンのいうとおりにせい、ということにすぎんのや」と北浦。

マーケットインというのは、要するに、商品・サービスの購買者のニーズを優先し、ユーザーが要求するものだけをつくれという経営思想だが、建設業の場合、実際には「消費者志向」という美名によって、施工業者自身が価格と品質のバランスを取りながら質的な競争をする正常なやりかたが否定されてきたのだ。

ビルを建てようと思って、施工業者から見積もりを取ったら、A社、B社、C社は一億前後の価格を出してきたのに、D社だけ五千万と安かった。そうしたら、施主は、まずD社がおかしいと思うのが普通だ。どういうわけか問いただして、納得しなければ、選択対象から外す。ところが、最近の競争入札では、まずD社が選ばれる。競争の基準が単純化されてしまってアホみたいなことになっているから逆立ちしてしまうのだ。

「そのとおりや。それにな、わしら下請からすると、施主様ではなくて発注元が絶対やからな。元請《もとうけ》が『これで請けてきたんやから、これでやれ』いうたら、やらなならん」と北浦はいう。これは自由な契約関係とはいえない。こういう関係がずっと定着していたところで、自由な契約が成り立つことが前提になっている自由競争、それも価格一本槍《いっぽんやり》の競争を強いられたら、どうなるか。それを、現在の建設業界の状況はよく示している。

これは自由競争ではない、と私は思う。価格という基準を唯一のものとして押し立てて、多様な選択を事実上排除してしまって、何が自由な競争か。それは、結果として、ただただ選択の幅を狭める方向に収斂《しゅうれん》していくしかないのだ。

北浦も、「競争は進歩の原理のなかでおこなわれるもんや。いま建設業界でやっとるのは競争と違う。言葉でいったら天秤《てんびん》や。天秤請けだ。右が下がったり左が下がったりするけれど、それだけで全体はちっとも進歩せん。進歩の原理の中で自由に競争したら、全体が上に上がる。だから、本当の自由競争をするなら、ルールをちゃんとしないといけないゆうことや」と説く。なるほど、いい得て妙である。

■「人が物を」ではなく「物が人を」使う

そして、このような競争の幅の収斂は、「人」を滅ぼしていく。建設業界から「人」が消えていく。

この業界は、基本的に親方・子方《こかた》関係や徒弟《とてい》制で、人から人へ技と経験が継承され、人と人との結びつき、「組」的結合で仕事が維持されてきた世界だった。そこには封建的といわれる負の要素もあったが、人格的結合がしっかりしているのが大きな強みだった。

それが、一九八〇年代から崩れだした。たとえば、鳶職で見ると、それまでは鳶の職人を三人とか五人とかかかえて、組の若頭《わかがしら》が手配師になって、組として周辺から労働力を集めて、下請をするという小さな鳶の組がたくさんあった。それが、かつて丸太で組んでいた足場にビティ足場というパイプ組み立て式の足場が出てくると、鳶の組が仕事を請け負うのではなくて、このビティ足場のリース屋が、鳶作業の請負をして、労働力を集めて下請をするという関係になってしまった。

こうなってくると、鳶の労働者は、親方・兄貴と人格的に結びついて、そこが単位になって仕事をしていくのではなく、直接は作業をしないリース会社にバラバラに雇われて管理される日雇い労働者になってしまう。職人が機材をもっていって作業していたのが、機材が職人を連れてきて作業させるようになってしまった。

それでも、九〇年代までは、まだ職人同士のつながりもあり、職業意識もあった。それが、この七、八年でバラバラになってしまったという。親方は職人を雇えず、いわゆる「一人親方」になってしまう。技は継承されず、人格的結合は失われる。

北浦は、「僕はそれでいつも怒っています。人が物を使わんといけないのに、物が人を使うとはどういうこっちゃ。逆だろう。人があって、物があるという基本が崩れているんですわ」と憤慨するが、そのとおりだ。人が物を使うのではなく、物が人を使う関係が広がってきたことが、実は業界の土台を崩してきた元凶ではないのか。

そして、「『もう職人もってないとこに発注すな』というとるんやけど、この傾向は止まらん。みんな、自分で人を育てることをしない単なる『事業主』になってしもうとる。

『職人おらんかったらピンハネできんやないか』（笑）というとるんやけどね」と北浦はいう。いや、冗談話ではなく、これは業界にとっては致命的な問題だと力説するのである。そうかもしれない。北浦がいまが最悪の状況だといい、上田がそれに深くうなずくのは、まさにこの「人」の問題の故《ゆえ》だからである。

いままで建設業界がいちばんひどかったのは、一九九〇年代中頃だったと思う。バブル崩壊からいつまで経《た》っても立ち直れず、それに加えて、アメリカからの日本建設市場への参入圧力が強烈に襲ってきて、あのときも、世を挙げての「談合バッシング」が展開されたものだった。一九九七年（平成九年）には東海《とうかい》興業、羽沢《はざわ》建設、多田《ただ》建設と中堅建設会社が相次いで倒産、そのもとで無数のサブコンが倒産し、建設業界は真っ暗になった。

でも、あのときはまだ「人」がいた、と北浦たちは言う。「現場」はまだしっかりしていた、というのである。だから、状況がいかに悪くても、再生の展望があった。状況が悪くても、上がしゃきっとしていれば、下からよくなっていく見込みがあった。それがいまは望めない。むしろ、「現場」が崩れてきている。「人」がスポイルされてきている。それは、根本を探れば、いまはとても「人」を重視できるような価格では仕事ができないからで、外国人労働者を連れてきて、安く働かせなければできないような落札価格の水準になってきているのが原因である。国内市場が大半の建設業さえもが産業空洞化に向かっているということだ。

それに加えて、前章でもふれたように、職人の技術なんか落ちてもいい、だれでもできるように仕事を標準化すればいい、というのが発注元であるゼネコンの考え方である。北浦は、「あの人らは、いい職人をつくらなくてもいい、誰でもできる金太郎飴《きんたろうあめ》にしたいという。そんなふうになるわけがないといっても、そうさせるというのだから、どうしようもない」と溜息をつく。装備を近代化して機械に頼ってだれでもできるようにして、仕事をマニュアル化すればいいというわけだ。そういう考え方は、まさに「人が物を使う」のではなくて、「物が人を使う」思想である。これが現場を荒廃させてきたのだ。

建設の仕事というのは、標準化、マニュアル化できないところがあり、特に安全確保の面でそうだ。いろんな状況の高いところに登ったり地下深くに潜《もぐ》ったりして、いろんな種類のでかくて重い物を運んだり、組み立てたり、壊したりするのだから、標準化なんてできないのは当たり前である。

だから、「だれでもできる」ように標準化したと称して、経験のないフリーターを日雇いで広く使うようになってから事故が増えた。ビルやマンションなどの建設現場の高所で作業中に転落死した作業員が、二〇〇七年に全国で二〇七人（前年比一七人増）にのぼったという。このように転落死事故自体が増えているだけでなく、「転落死の犠牲になって

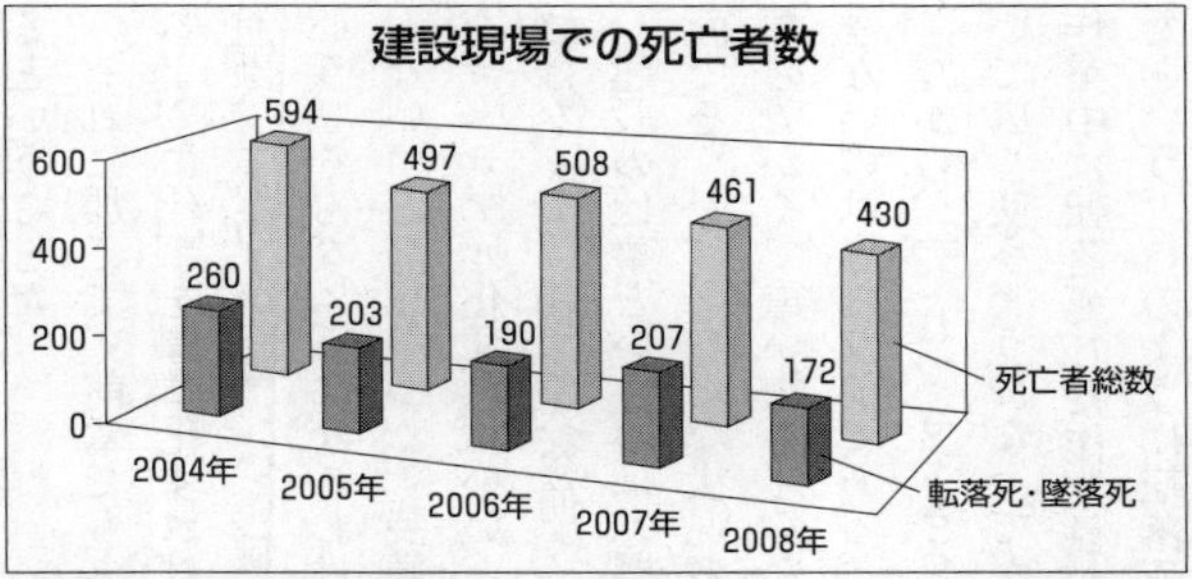

建設現場での転落死は一見、減りつつあるように見えるが、実は増加傾向にある。一人親方（従業員を雇わない自営業者）の事故は統計から除外され、また、労災保険の掛け率が悪くなるのを恐れて事故として届け出ないケースが多いからだ。

（グラフは厚生労働省「労働災害発生状況」から作成）

いるのは、下請の日雇いの労働者たちだ」と全国仮設安全事業協同組合の小野辰雄《おのたつお》理事長は語っている（毎日新聞二〇〇八年七月二八日付夕刊）。

北浦も、事故は増えているという。数字に出ているものだけではなく、統計外が多いということだ。一人親方は除外されているし、労災保険の掛け率が悪くなるから事故として届けないケースも多いのだ。そして、事故原因はたいてい職人の過失にされてしまう。事故の遠因として北浦があげるのは、仕事が現場中心・人中心でなくなってきていることだ。「たとえば、いまは加工を全部工場でやってきて付けるだけだから、全体が構造的にわかる者が現場にいない。だから、とんでもない事故につながったりする」と北浦はいう。

だから、いま「物中心」から「人中心」に組み替えがおこなわれなければならない。

人が中心になれば、仕事が丸ごと問題になる。価格も品質も、納期も安全も、すべてを総体的に包み込んで、仕事をどうやるかを問題にすることができるのだ。それに対して、物が中心になれば、問題は具体的な仕事から離れて、個々の数字に抽象化・一般化されていく。だから、仕事がみんなバラバラにされていく。しかも、その抽象的・一般的基準は、結局、納期の月日と価格の金額に集約され、単純化されてしまうのだ。このように、この「物が人を使う」思想は、価格一本槍の競争が強いられてくることと結びついているのである。

■下から日本社会を建て直す

北浦たち大阪府建団連が中心になって、建設業務労働者就業機会確保事業（自社で雇用した労働者を、雇用関係を継続したまま相手先事業主の指揮下で働かせる制度）を活用し、建設技能労働者の育成、雇用確保、賃金確保をめざして、技能労働者確保育成ネットワークを展開している。そのなかで、元請・下請関係も、いままでとは別のものに変えようとしている。

「いい職長の心棒がおったらいいんです。それを残そう、と言っているんです。五百万ぐらいを生活給として、親子四人が食っていけるようにしてやってほしい。いま国家試験に合格して、長年やってきたいわゆる一級、二級のいい職人が二〇%ぐらいおるんです。そういう有資格技能者を一万人集めて、それを残そう。それさえ残ったら、また建設業は生きていける。けれど、それもなくなったら、もう建設業界は終わりです。本当にいい職人がいなくなったら建設業は滅びます。技術屋みたいなのは代わりがいるけれど、職人の代わりはできない。百姓《ひゃくしょう》と一緒です。一度やめたら、いくら田んぼを耕《たがや》しても元にもどらない」と北浦はいう。

そのとおりだと思う。建設業にかぎらず、日本の産業は、かつて培《つちか》われた中堅技能労働者の遺産をくいつぶして延命しているのが現状だと思う。そこをないがしろにしている現状は、日本産業最大の強みの一つを失うものなのだ。

そして、いま北浦たちが払っている努力は、下からの人中心への組み替えという意味をもっている。北浦たちは、このネットワークを通じて、多重下請関係を二次までに縮約して、一次・二次下請が建団連に結束することを考えており、さらには、下請が発注者・設計者に施工上の提案・意見・協議ができるシステムをつくろうとしている。

私が「いまこそ談合をやれ」としきりにいっているのは、価格協定をしろという意味ではない。官庁とゼネコンの強大な権力のもとで、バラバラになって屈服したり、ダンピングに走って自分で自分の首を絞めたりするのではなくて、北浦たちがやっているように、業者が団結して、人と人の結びつきのなかから仕事をつくっていくやりかたをとりもどせ、ということなのだ。そして、それこそが、アホな構造改革で土台にヒビが入ってしまった日本社会を下から建て直すことにつながるのだ。

日本産業の強みが失われることは日本社会の崩落につながる。そして日本産業の強みとは、何より「談合文化」にあったのだ。それをとりもどせ、というのが私の主張だ。この『談合文化』の副題を「日本を支えてきたもの」とした所以《ゆえん》はそこにある。

4 日本に「自由社会」などない

■政権交代と社会変化の関係

二〇〇八年（平成二〇年）九月、福田康夫《ふくだやすお》が総理大臣を辞任し、小泉純一郎が政界から引退を表明した。そして麻生太郎《あそうたろう》が総理大臣になった。こうして政局が動きはじめた。この動きは、前章で見た日本の基層社会の変化とどういう関わりをもっているのだろうか。

ここで、見ておくべきポイントは何か。一つは、すでにだれもが指摘していることだが、二〇〇七年九月の安倍晋三《あべしんぞう》首相の突然の辞任に続いて、一年間に二人も首相が辞任したことである。ここで問題なのは、その原因はどこにあるか、ということだ。そして、もう一つは、森喜朗《もりよしろう》以来四代にわたった清和会《せいわかい》政権が終わったことだ。麻生は、清和会のバックで当選した清和会亜流ではあるが、明らかに別系統の政権である。そして、この二つのポイントは、たがいに関連しあっている。どこで関連しあっているか。

小泉が推進した「聖域なき構造改革」によってぶっ壊されてしまった日本の社会構造が、もはや対症療法的に部分修復しようとしてもできなくなったということだ。だから、構造改革路線の修正をめざした安倍・福田の二代の政権が、その修復に行き詰まって、政権を投げ出してしまったのであり、そしてまた、実は小泉構造改革の隠された目的であった、もう一つの「構造」破壊のほうもほぼ成し遂《と》げられたから、清和会から首相を出さなくてもよくなり、遠隔操作に切り換えたということでもあったろう。

小泉構造改革が日本の社会構造をどうぶっ壊したか、ということについては、日本の基層社会で起こっていることをめぐって書いたとおりだ。安倍も福田も、こういう基層的なところの崩壊に目をやろうとせず、「自由化」度を緩和《かんわ》して制度改革を手直しすれば、なんとかなるかのように考えて、進むことも退《ひ》くこともできないドツボにはまってしまい、往生《おうじょう》してしまったのである。では、いまいった、もう一つの「構造」破壊とはなんだったのか。これを見ると、なぜ、「構造改革」の名のもとに日本の基層社会の構造破壊がもたらされなければならなかったのか、がわかってくる。

■小泉改革は「土木王国」を崩壊させた

小泉構造改革がめざしていた隠された目的、そして、それこそが真の目的だったともいえるものとはなんだったのか。それは、小泉が首相就任当初から言っていた「自民党をぶっ壊す」ということだった。

その破壊の対象を、小泉は「自民党の古い体質」とか「改革に対する抵抗勢力」とか呼んで、国民の反感を煽《あお》った。「自民党をぶっ壊す」とは、彼らの党内支配を打ち破り、党内権力を打倒することだった。その党内権力とは、端的にいって経世会《けいせいかい》の権力、旧橋本《はしもと》派、さらに起源をさかのぼれば田中《たなか》派の支配権のことだった。毛沢東《もうたくとう》の文化大革命が、劉少奇《りゅうしょうき》・鄧小平《とうしょうへい》ら実権派から権力を奪う権力闘争であったように、構造改革とは野中《のなか》広務《ひろむ》・青木幹雄《あおきみきお》ら経世会のドンたちから権力を奪う権力闘争だったのだ。

二〇〇〇年（平成一二年）五月に急死した小渕恵三《おぶちけいぞう》が首相に在任していたころまでは、経世会の党内支配は盤石《ばんじゃく》だった。小渕の次の総裁には清和会の森喜朗が選ばれたが、これは、経世会の野中広務・青木幹雄が主導した、いわゆる「五人組」（青木、森、野中、村《むら》上正邦《かみまさくに》、亀井静香《かめいしずか》）による密室の談合で決められたもので、森内閣が経世会の紐《ひも》付き政権であることは衆目の一致するところだった。それでも、森は経世会の影響力を殺《そ》ぐ努力をしたが、はっきりこれと対決し、打倒経世会へ全力をつくしたのが、次の総裁となった小泉だった。小泉の議員引退にあたって、毎日新聞政治部編集委員の古賀攻《こがおさむ》は「旧橋本派（現津島《つしま》派）は、小泉時代に徹底して弱体化させられた。首相当時、執務室で『経世会を

小泉改革の目的は自民党の党内権力打倒だった。その党内権力の源流は、旧田中派にさかのぼることができる。小泉改革によって1970年代以来の田中政治は清算された。（写真／共同通信）

やっつけるぞ』と腕を突き出しながら本人が語るのを聞いたことがある。それだけは小泉氏が確実に成し遂げたことだ」（毎日新聞二〇〇八年九月二六日付朝刊）と書いている。

野中広務は、小泉よりずっと前に引退に追い込まれ、「参院のドン」と呼ばれた青木幹雄も窮地に陥《おちい》っている。青木の地元島根の「青木王国」が崩壊の危機に瀕《ひん》しているのだ。経世会実力者の典型的な形として、青木の権力の源泉は公共事業だった。そして、それを崩壊させたのが、小泉構造改革だったのだ。

県民一人あたりの公共事業費は、ずっと島根県が日本一だった。公共事業を取ってきたのは、竹下登《たけしたのぼる》、青木幹雄をはじめとする経世会の議員たちだ。島根が日本一になったのは、竹下政権の一九八八年（昭和六三年）だった。土木建設業界は、見返りに経世会の政治家たちに熱い支持で報《むく》いた。それが竹下・青木の権力の源泉となった。

衰退が始まったのは、二〇〇一年（平成一三年）四月の小泉政権誕生からである。公共事業費削減によって、公共事業依存度の高かった島根の土木建設業界は苦境に陥《おとしい》れられた。一時的なものならともかく、八年にもわたって続き、どんどんひどくなるとなれば、票は離れていかざるをえない。県内の公共工事請負額は、二〇〇七年に一九九八年のピーク時に比べて四割にまで落ち込み、三年間で土建会社三〇〇社が倒産などで姿を消した。建設会社の社長たちの間では、こんな会話が交《か》わされているという（朝日新聞二〇〇八年八月七日付朝刊）。

「次の選挙で竹下［亘《わたる》議員・登の実弟］が勝てると思っとる人、ここでおるんじゃろか？」

「おらんじゃろうな」

このようにして現実のものとなろうとしている「青木王国」の崩壊は、経世会権力崩壊を象徴するものだ。毎日新聞の古賀攻が、先ほど引いた論評でいっているように、構造改革を中心とする小泉政権の内政は「食べ散らかした感がある」だけで、「掛け声倒れ」が多く、結局成果を残せなかったのに対し、経世会打倒だけは「確実に成し遂げた」のである。そして、それは、一九七〇年代以来日本を支配していた田中政治を清算したことを意味していた。

■「官僚政治再建」のために狙われた党人派

経世会権力打倒、田中政治清算というと、単なる派閥抗争、もともとは経世会の源流・田中角栄《かくえい》に対する清和会の源流・福田赳夫《たけお》の怨念《おんねん》に発した私闘のように受け取られるかもしれないが、そうではない。経世会権力から清和会権力への権力移動は、もっと深い意味をもっている。

そもそも田中政治とは、どういう性格のものだったか。一九七二年（昭和四七年）に成立した田中角栄内閣とは、一九五七年（昭和三二年）の岸信介《きしのぶすけ》内閣成立以来、池田勇人《いけだはやと》・佐藤栄作《さとうえいさく》と一五年間にわたって続いてきたエリート・官僚（高級官僚出身の政治家）による政治に対して、ノンエリート・党人（政党政治家）による政治への転換を意味していた。

このとき主役転換を余儀なくされたエリート・官僚政治を中心的に支えていたのが、岸派以来の派閥で当時の福田派、つまり今日の清和会であった。このとき、田中角栄という風雲児によって、エリート・官僚政治が打倒されて、その中心であった福田派（のちの清和会）支配が阻止され、ノンエリート・党人政治＝田中派（のちの経世会）支配が確立されたのである。

もちろん、田中派がノンエリートだけからできていたわけではないし、官僚を使わなかったわけではない。しかし、岸以来のエリート・官僚政治とは、関係がまったく違っていた。エリート・官僚政治というのは、高級官僚出身でそこに基盤を持つ岸・池田・佐藤のようなエリート政治家が政権党のトップに座ることによって、官僚が構築した統治体系に対する国民の支持を調達し、その正統性を確保するという構造になっていた。官僚が、官僚政治家を通じて政治を使うというのが基本的な関係だったのだ。それに対して、田中政治は、政党政治家が官僚を使いまわすという関係を創《つく》り出したのである。

だから、田中時代には、政治家は何より政策に精通していなければならなかったし、そのために、いわゆる「族議員」が幅《はば》を利かせるようになったのだ。というよりも、田中政治が族議員を生みだしたといってもいい。のちに、族議員というのは癒着と利権の権化《ごんげ》のように見なされるようになったが、確かに、それが癒着と利権の温床になったことは事実としても、それだけのものではない。専門分野についての知識と見識を身につけ、情報を集約することを通じて、官僚の行政的な観点とは別の政治的な観点から、一貫性をもった政策立案・遂行を進めていく政治家集団という性格をもっていたのだ。

それはまた、政治家として、その分野におけるさまざまな社会的弱者に対する施策を政策に盛り込んでいくことなどを通じて、官僚主導の統治に対して政治的なチェック機能を果たすものでもあった。こうした機能がそれなりに働いていたころには、自民党の政務調査会というのは、官僚機構に対して相当の存在感を示していたものである。だから、政調会長は、いまよりずっと重い役職だったのだ。

そのような族議員の肯定的側面を発揮している議員は、いまでもいる。しかし、そうした議員の何人もが、小泉改革のなかで、邪魔者としてつぶされたのだ。

たとえば、鈴木宗男事件は、外務官僚の一部と官僚政治家が、省益擁護のために、あたかも鈴木が外務省を食い物にしているかのようなフレームアップを仕組み、マスコミも世論も、それに乗って宗男バッシングに走ったものだった。しかし、佐藤優《さとうまさる》のベストセラー『国家の罠』（新潮社）を転機に、いまでは鈴木と外務省との関係の実相がそんなものではないことが広く認識されるようになった。鈴木宗男は、むしろ、ノンエリート政治家にもかかわらず外交政策のエキスパートとなって、政府の外交政策実現のために外務官僚を使いまわしたために、エリート官僚に嫌われて、葬《ほうむ》られようとしたのだった。この仕掛けに乗って、鈴木宗男を断罪したのは、小泉政権であった。

村上正邦のケースもほぼ同じである。村上も炭鉱出身のノンエリートから労働政策のエキスパートになり、労働族議員として、高級官僚、官僚政治家と闘い、中小企業対策で政治力を発揮した人間である。ポスト小渕の総裁選びで、五人組の一人として森を推《お》したのも、エリート官僚政治家・加藤紘一《かとうこういち》が首相になるのを阻止するためだった、と村上は語っている（村上正邦・平野貞夫《ひらのさだお》・筆坂秀世《ふでさかひでよ》『自民党はなぜ潰れないのか』幻冬舎新書）。

そういう村上は、小泉構造改革にも反対した。それは、構造改革なるものが、「官より民へ」といいながら、実は官僚政治の打破ではなくて、むしろその再建・強化をめざしているものであることを見抜いたからだ。これに対して、ＫＳＤ事件が立件され、村上は受託収賄で実刑を食らうことになる。

鈴木も村上も、ともに反エリート・反官僚の政治家であるがゆえに、狙い撃ちで失脚させられようとしたのだ。小泉政権は、経世会を中心とするノンエリート・政策エキスパート政治家からエリート官僚と官僚政治家を守る役割を積極的に果たしたのである。

小泉構造改革は、省庁の権益を解体するもので、反エリート・反官僚政治だったのではないか、と首をかしげる方もいるかもしれない。しかし、それは見せかけであって、実際には、小泉独特の「丸投げ・店《たな》ざらし」手法のために、改革の具体的な内容は官僚に牛耳られることになってしまい、実質において骨抜きにされたのである。しかも、「抵抗勢力」の名のもとに、政策に精通していて官僚支配を政治的にチェックできる政治家が排除されたことによって、むしろ官僚支配が強まるという結果に終わったのが実相なのだ。

たとえば、典型的なのが小泉構造改革の大きな目玉だった道路公団民営化だ。道路関係四公団民営化推進委員会委員長代理だった拓殖大学教授・田中一昭《たなかかずあき》は、道路公団民営化は「惨《みじ》めな結果に終わった」とばっさり切り捨てている。そして、その原因は「行政改革の旗手であるはずの小泉総理は、道路公団民営化という具体的な改革目標を掲げながら、その検討について委員会に丸投げしたばかりか、委員会の意見内容に対しても最後まで関心を示そうとしなかった」ことにあり、「改革のイメージがないままに、道路族・国交省が描いた『偽りの民営化構想』に易々《やすやす》と乗ってしまった」からだという（田中一昭『道路公団改革　偽りの民営化』ワック）。

また、竹中平蔵《たけなかへいぞう》らによる金融庁をめぐる改革について詳しく検討したジャーナリストの佐々木実《ささきみのる》も、「官僚主導を改めるという大義名分のもとで進められた独善的な政策は、奇妙なことに国家権力の強権的な発動に結びつき、金融庁に関していえばこの後、むしろ官僚組織は活性化していく。裁量行政を批判した竹中自らが、新たな裁量行政を実践する。権限を抑制的に行使していた官僚が、竹中の登場をきっかけに、強権的な行政に目覚めていく」として、この金融庁改革なるものも、むしろ官僚制を強めるものでしかなかった、と結論づけている（佐々木実「小泉改革とは何だったのか―竹中平蔵の罪と罰―」後編、『現代』二〇〇九年一月号）。

結局、小泉は、自民党支配はぶっ壊したけれど、官僚支配は強めたのだ。福田退陣の後の自民党総裁選で小泉が支援した小池百合子《こいけゆりこ》が、「今度は霞《かすみ》が関《せき》をぶっ壊す」と主張したのは、問わず語りに小泉改革がぶっ壊したのが永田町《ながたちょう》だけだったことを示している。

■「自由主義」なき「新自由主義」

小泉は構造改革なんてやる気はなくて、ただ経世会をつぶしたかっただけだ、といっているのではない。グローバリズムとネオリベラリズムの波は、日本においても、これに対応するための改革を不可避にしていた。小泉が、改革をやりたかったのは確かだ。でも、それは実質的には、ほとんどできなかったのだ。そして、「名ばかり改革」をごり押しする過程で、それまでそれなりにリアルに日本社会の実情にマッチした統治をおこなってきた政治装置を解体する結果に終わったのである。小泉は「壊し屋」に終わった。では、なぜ、改革ができなかったのか。

自民党議員時代に小泉に経済学を教えるための「家庭教師」として派遣されたことがある栗本慎一郎《くりもとしんいちろう》が証言しているように、小泉は経済学がまったくわからない経済学部卒業生だった。そのうえ、そもそも、政策を勉強するということに興味がないのだ（栗本慎一郎『純個人的小泉純一郎論』イプシロン出版企画）。実際、小泉が首相になったとき政策能力がほとんどゼロに近かったことは、僚友の山崎拓《やまさきたく》が証言している。だから、号令だけはかけるが、あとは「丸投げ・店《たな》ざらし」だったのだ。これでは、改革などできるはずがない。

だが、小泉改革が掛け声倒れに終わったのは、このためだけではない。丸投げされた先には、竹中平蔵のような経済学も政策もわかり、やる気のあるネオリベラリストがいたのだから、やれる能力はあったはずなのだ。でも、できなかった。橋本内閣のときの改革も、政策通の橋本が全力を挙げてやったのに、頓挫《とんざ》してしまった。なぜか。その理由は、簡単にいうと、自由主義の基盤がないところで、そこをそのままにして新自由主義を実現しようとしても無理だ、ということにある。

欧米の資本主義は、自由主義に立脚して、自由社会を基盤にして成立している。

自由主義とは、根本的には、法や制度よりも個人の自由のほうが先行するという思想である。欧米の近代法は、この思想をもとに構成されているから、法の前提として「契約自由の原則」「私的自治の原則」がおかれている。どちらも、法律を勉強したら、初歩のところで教えられる原則である。

つまり、簡単にいえば、私人同士の間では、法で規定してあろうがあるまいが、どんな契約をしてもいい、なんでもいいから、どんどんやりなさい、ということだ。これが「契約自由」ということだ。ただし、法に違反したら取り締まりますよ、ということになっている。だが、法や制度があって、それに基づいて契約がされるのではなくて、いろいろな契約関係をやってみて、そのうち、契約自体が権利侵害になるものはやめようということになっていく、という関係なのだ。

これを基礎づけているのが「私的自治」の原則で、法律関係を形成するのは個々人の意思によるという考え方である。つまり、法というのは、個々人の意思を超えたところから個々人をあらかじめ縛《しば》るようなものではない、ということをはっきりさせているのだ。

自由社会とは、このような考え方、原則が、タテマエとして掲げられているとか、教科書に書いてあるとか、そういうことになっていますとかいうのではなく、社会を成り立たせている個々人が、みんな基本的にこういう考え方をもっていて、それに基づいて行動している社会のことをいうのである。

新自由主義は、こうした自由主義という思想と自由社会という社会を前提にしてこそ初めて成り立ちうるものだから、人々の間に自由主義がなく、自由社会が基盤にないところでは、うまく機能しないのだ。こういう基盤がないところで、新自由主義に基づく制度や政策を実行しようとすると、うまく機能しないどころか、かえって、さまざまな弊害を生み出して、社会を壊してしまうのだ。それが日本で起こったことだった。

欧米では、資本主義社会制度と近代国家原理は、旧社会の中から内発的に創り出されてきて、旧社会の制度・原理と闘いながら、確立されてきたものだった。これに対して、日本では、資本主義社会も近代国家原理も、自分たちの中から創り出されたものではなく、そうやって欧米で確立されていたものが導入されたものだった。

しかも、欧米の資本主義と近代国家がすでに強大になり、アジアに進出して日本をも飲み込もうとしているときに、後発資本主義、後発近代国家として急速に伸びなければならなかったから、資本主義が自然に生まれ、契約社会が自由に形成されていくのにまかせておくことができなかった。初めから、政府や権力が上から、国家と社会をつくっていったのである。そこにつくられたのは、法や制度が個人の自由より先行することを原理とする社会であった。だから、「契約自由の原則」も「私的自治の原則」もないがしろにされ、根づくことはなかった。日本の資本主義社会と近代国家は、一度も自由主義をくぐることなく自由社会を形成することもなくつくられ、今日に至ってしまっているのだ。

日本に自由社会などないのだ。そして、自由社会が基盤になければ、新自由主義を実行しようとしてもできはしない。だから、新自由主義的構造改革は、もともと失敗を運命づけられていたのである。

■「日本異質論」から出発せよ

こういうふうにいうと、ああ、あれか、おまえは丸山真男《まるやままさお》みたいに、日本はまだ近代化していない、欧米の原理をもっとよく学んで、「ほんとうの近代化」をやれ、といっているのか、というやつがいるかもしれない。だが、そうではない。

もう近代化なんて終わったのだ。日本は立派に近代化した。欧米の近代化とは、ある意味ではまったく違う近代化だったが、「立派な」近代化を成し遂げて、経済的に豊かな国になった。それをやり直すことはできないし、やり直そうとする必要もない。

私がいっているのは、「立派に」近代化した日本の社会は、欧米の近代社会とは、共通するところももちろんあるけれど、本質的なところでまったく異質な社会である、ということをみんな自覚して、そのうえで日本社会の問題を考えよう、ということなのである。

なんだ、「日本異質論」か、という声が聞こえる。そのとおりだ。

かつて、リビジョニストと呼ばれる連中が日本の社会経済システムは異質であり、世界の仲間に入りたいならグローバル・スタンダードに合わせろ、という「日本異質論」を展開して、ジャパン・バッシングをおこなった。これに対して、日本の政財官は挙げて、異質ではなくて、文化・国民性の違いがあるだけだ、と弁解しながら、実際には何事もグローバル・スタンダードなるもの――内実はアメリカン・スタンダードであった――に合わせる方向で国内改革をおこなっていった。小泉構造改革も、その文脈のなかにある。

ジャパン・バッシングを回避するための方便として同質論をいうのならしかたがない面があるにしても、そのうち、だんだん、ほんとうに日本は欧米と同質なんだ、と思い込むようになっていってしまったのが、今日のリーダーたちの姿なのである。

小泉は、ブッシュに対して「ウィ・アー・フレンド、エブリシング」に始まり、「私は『真昼の決闘』が大好きだ。あなたは、あの映画のゲーリー・クーパーだ」とのたまったり、エルビス・プレスリーの大ファンだといって、物まねをやって見せたりした。安倍晋三は、アジアのパートナーとしては中国より日本のほうが優《まさ》っている、それは中国と違って、日本は欧米と価値観を同じくしているからだ、といって歓心を買おうとした。

日本と欧米が価値観を同じくしているだって？　小泉・安倍の政権は、前にいったように、岸信介以来のエリート・官僚政治の流れを汲《く》むものだが、岸はもちろん、少なくとも佐藤栄作の時代までは、そんな甘っちょろい認識で政権を担当していた者はいない。

私は、中学生時代の六〇年安保闘争のときデモに行ったのを皮切りに、学生運動を通じて、岸・池田・佐藤政権と対決しつづけてきた。だから、政治的立場はまったく異にしていたが、彼らがエリート・官僚なりのとらえかたからではあるが、日本社会の現実をリアルにふまえて政治を考えていたことは間違いないことは知っている。そのあとの田中角栄が、彼らとは違ったかたちで日本社会をきわめてリアルにとらえていた政治家であったことは、いうまでもない。

それが、一九八〇年代に、一方で「ジャパン・アズ・ナンバーワン」と持ち上げられ、他方で「日本異質論」でバッシングを受けるなかで、一方でいい気になりながら、他方で言い訳をしているうちに、おかしくなってきたのだ。それを決定的にしたのが、小泉の劇場型政治というやつで、それによって日本の政治は最終的にリアリティを失い、小泉好みの三文オペラになってしまった。

岸信介も佐藤栄作も、日本に自由社会なんてないことはちゃんとわかっていて、そのうえで政治をやっていた。「自由」と「民主」の党だとかいっても、それは欧米の自由社会と民主主義とは似て非なるものであることは認識していた。だから、あの時代、政治にはまだ重みとリアリティがあったのだ。

それに比べると、どうやら、いまの為政者は、日本社会は欧米社会と同じ自由社会で、ただちょっと文化が違うだけだ、なんて本気で思い込んで政治をやっているらしい。だから、とんでもないことになる。こんな連中に惑わされて道を誤らないためには、われわれは、むしろ日本異質論、欧米とは異質な日本文化から出発しなければならない。

私が考えているのは、ここで問題にした「自由」に関していうなら、欧米自由社会とはまったく異質なものである日本社会をふまえて、そこから内発的に自由な社会を創り出していくにはどうしたらいいか、ということなのである。

■文化がシステムを規定する

二〇〇〇年（平成一二年）、小売業世界第二位のスーパーマーケット・チェーンであるフランスのカルフールが日本に進出してきた。グローバル・ロジスティック（全地球的物流管理）によって価格を半分にしてみせるといっていた。大阪の箕面《みのお》に大型店舗を出店するということで建設がおこなわれているとき、私とちょっと関わりのある大阪の商人が、「これ、絶対失敗しますわ」という。「もし、これが大当たり取ったら、私、不明を恥じて会社たたみますわ」というのだ。

この社長は、二〇年以上、毎年一回はフランス、イタリアを中心にヨーロッパの店を見て回ってリサーチしていたから、フランスの商売には詳しい。その経験からいって、日本とフランスでは「商売の文化」が違う、というのである。経営者と従業員、従業員とお客さん、それぞれの関係がフランスと日本ではまったく違う。だから、システムもいろいろと違うし、形式としては同じシステムの場合でも、中身はまったく違う。価格や品質の点でいくら優っていても、システムがうまく動かなくなってだめになる、というのである。

社長のいったとおりだった。実際、カルフールはだめだった。価格は安くできた。フランス流のカッコよさを売ることもできた。でも「商売の文化」をつかむことはできなかった。それがつかめなければ、システムがうまく動かないのである。二〇〇五年には、カルフールは事業をイオンに売却して、すごすごと日本から撤退していったのである。

これは、フランスが日本ではダメだった、という例。逆に日本が欧米でダメだったという例にも事欠かない。私の「管轄」内では、山口組《やまぐちぐみ》や稲川会《いながわかい》などのヤクザがアメリカに進出してなぜうまくいかなかったのか、という問題などおもしろいが、ちょっと話が専門的なところにわたるので、ここではやめておこう。

直近の問題で、リーマン・ブラザーズの買収問題がある。二〇〇八年九月一五日に経営破綻したアメリカの証券銀行リーマン・ブラザーズのアジア・パシフィック地域部門を野村《のむら》ホールディングスが買収すると発表した。日本やオーストラリアを含むアジア・パシフィック地域部門の三〇〇〇人を超える雇用を継承、株式・債券・投資銀行部門に所属する従業員の雇用だけでなく、事業インフラも引き継ぐという。

これについて、知り合いのエコノミストに訊いてみたら、野村は失敗するんじゃないかなあ、という。なぜか。同じ世界的証券会社といっても、ビジネス文化が違いすぎるというのだ。ここでいわれたのも経営者と従業員、企業と顧客との関係が、アメリカと日本の証券会社では全然違うという問題だった。だから、野村はリーマンの社員とシステムを使いこなせないだろう、というのである。

確かに、リーマンが倒産手続に入る直前、同社のヨーロッパ拠点から八〇〇〇億円以上が本社勘定に振り替えられ、ヨーロッパの従業員と顧客を切り捨て、本社を守ったという事実が、後日報道された。これを報じた記事で、記者は一一年前の山一《やまいち》證券倒産のときのことを思い出したという。「会社が倒産しかけたら、転職先を探す、が基本の1だが、「山一證券では」倒産から2週間たつのに、顧客の株券や債券を間違いなく返送しようと連日夜まで数百人が奮闘していた。不安と疲れでいっぱいのはずだが、照合作業が一発でうまくいくと、拍手が起きたりした」と書いた記者は、この対比から、「正直な人、誠実な人はウォール街流に向かない」と結論づけている（福本容子《ふくもとようこ》「ウォール街流」毎日新聞二〇〇八年九月二六日付朝刊）。

これは、この記者がいうような道徳、倫理の問題ではない。ビジネス文化の問題である。だが、これだけ文化が違えば、野村がリーマンを運営することは無理だろう。私の知人の観測は的中するのではないか。

われわれはシステムというものは中立なもので、それを使う人間によって左右されると考えがちだが、そうではない。人間のありかたがつくりだす文化がシステムを規定しているのだ。だから、文化が違えば、同じシステムでも、そのもつ意味が変わってしまう。談合の問題も、そこから考えていかなければならないのである。

5　談合の起源

■「談合坂《だんごうざか》」の由来

中央自動車道を東京から走っていって、山梨県に入り、上野原《うえのはら》インターチェンジを越えてすぐのところに談合坂サービスエリアというのがある。この「談合坂」という名前はどこから来たのだろう、と前から疑問だった。ある日、このＳＡ《サービスエリア》で降りたとき、同乗者に由来を知っているか訊《き》いてみた。その男は、「道路公団の工事をやるとき、ここで談合したんじゃないですか」と、いいかげんなことをいった。

今回、談合について書くことになったので、あらためて調べてみた。そうしたら、いろいろな説があることがわかった。

いちばん愉快な説が「桃太郎《ももたろう》説」だ。このあたりにはイヌ・サル・キジをそれぞれ表す犬目《いぬめ》・猿橋《さるはし》・鳥沢《とりさわ》という地名があり、それらを見下ろす百蔵山《ももくらやま》が桃太郎を表している。この桃太郎とイヌ・サル・キジがこの坂で談合《ダンゴウ》（交渉・相談）して、家来になることに合意して、団子《ダンゴ》をもらった。だからダンゴウ坂となった、というのだ。そのほか、戦国時代に甲斐《かい》の武田《たけだ》と小田原《おだわら》の北条《ほうじょう》が和議の話し合いすなわち談合をやった場所だからという説、武田信玄《しんげん》の娘が北条氏に嫁に行くときに、婚儀の約束について談合した場所だからという説などがあるが、私は、「近郊の村の寄り合い場所だったから」というあまり面白味のない説がいちばん妥当だろうと思う。

というのは、東京都文京《ぶんきょう》区に団子《だんご》坂という坂があるが、この坂の名前の由来について、こんな話を友人から聞いたからだ。団子坂というのは上野の山裾《やますそ》の千駄木《せんだぎ》から白山《はくさん》のほうへ登っていく坂だが、その友人の話によると、この坂の奥に根津権現《ねづごんげん》の古社があることが鍵になっている、という。もっとも、この男の話も、実は民俗学者の宮田登《みやたのぼる》の受け売りで、宮田が網野善彦《あみのよしひこ》との共著『歴史の中で語られてこなかったこと』（洋泉社）のなかで、こうのべているのだという。

坂の奥にある古社・根津権現へと至る道は、古来、聖域・聖界と俗域・俗界との境界であると考えられてきた。そして、共同体のなかで紛争事項や懸案事項が生じた場合、この聖と俗との境界に話し合いの場を設けて、談合するのが日本の共同体の習俗だったのだ。そして、そうした談合の場では、「奢《おご》り」と総称される接待や饗応《きょうおう》が「神前での共食《きょうしょく》」

渋滞情報などでも有名な中央自動車道の談合坂サービスエリア。地名の由来には諸説あるが、「聖」と「俗」の境界として坂が談合＝話し合いの場となっていたことによるのではないか。（写真／読売新聞社）

のかたちでおこなわれるのが常だったという。この聖域・聖界との境界における「神人《しんじん》共食」が談合の正当性を保証するものだったのだ。

また、そこでは書かれていないようだが、「坂」というもの自体が聖界ないし異界と俗界ないし常界との境界と考えられていたのであり、だから、京都の清水《きよみず》坂や奈良の奈良坂に見られるように、多くの坂は、そういう境界としての非日常的な空間となっており、「坂の者」と総称される被差別民が集まったのである。その意味から、坂が談合の場になったのだ、と私は思う。私に団子坂の話をしてくれた友人は、自分が住んでいる神奈川県川崎にも、坂の際《きわ》にある久地《くじ》神社という神社の近くで、農業用水路からの水の分け方について近郷の村人が談合した場があり、そこに分水装置が今も残っているといっていた。このように、もともと「坂」は「談合」と結びついているのだ。

このような由来をもった「談合坂」だったのだ。だとしたら、上野原の談合坂も同じではないか。あそこも、近郷の村の者たちが集まって「神人共食」のもとで談合する場だったにちがいない。そのような場所が全国各地にあるのではないか。

談合がもともとは相談、話し合いのことだったとはよくいわれることだが、そのとき見落とされているのは、意味としてはそうだけれど、前近代社会での談合というものは、近代社会での相談や話し合いとは、ありかたが違うという点だ。

どこが違うか。おおざっぱにいえば、日本社会の場合、違いは次の点にあった。近代社会というのは、各個人がそれぞれに私的な利益を最大限に追求し合うことが前提になった社会であるのに対して、前近代社会というのは、共同体の利益が前提になっている。共同体の利益が確保されてはじめて私的な利益も確保される社会構成になっているのだ。

そして、近代社会における個人の私的利益追求の場合には、すべての社会関係が国家による法の支配のもとにあることになっている。それとは違って、前近代社会において利益が共軛《きょうやく》される共同体は、基本的に自治の性格をもっていた。だから、そこでおこなわれる相談や話し合いも、前近代と近代では違った性格のものになってくるのだ。

それでは、前近代である徳川《とくがわ》時代の談合とはどういうものだったのだろうか。

■日本史に見るムラの自治

徳川時代には都市の人口は日本全体の一割を超えることがなかった。九割以上が農山漁村に住んでいたのだ。この九割以上の日本人は、ムラと呼ばれる共同体を形づくっていた。ムラに住んでいたのは、基本的に百姓である。職人や商人は都市に住んでおり、武士もそうだった。

もっとさかのぼって戦国時代のムラを見ると、ムラの内の有力者で、守護《しゅご》大名と契約を結んで侍《さむらい》の身分となり地侍《じざむらい》と呼ばれるようになった者たちもいた。彼ら地侍は、領主の支配に反抗して、夫役《ぶやく》を拒否したり、ムラの自衛装置として働いたりした。

このようにかつては武士もムラに住んでいたのだが、一五八八年（天正《てんしょう》一六年）の豊臣《とよとみ》秀吉《ひでよし》による有名な刀狩《かたながり》以降、兵農分離（武士と農民の身分的・階級的分離・固定化）が進んで、ムラから地侍がいなくなり、銃砲刀剣などの武器が没収され、武士はみんな城下町に集住することになった。こうして、身分と職業によって住む場所が分離され、ムラは農林漁業生産者だけの世界となった。この点は、農村に領主もいっしょに住んで支配をする在地領主制をとっていた西ヨーロッパの封建制社会とは大きく違うところだった。

では、ムラにいない領主はどうやってムラを統治していたのか。領主がムラにいるころは、百姓一人一人を武士が直接支配するかたちだったのが、兵農分離以後は、ムラのまとまりごとに間接支配することになったのである。支配階級である武士は、百姓から年貢《ねんぐ》を取り立て、夫役を課さなければならない。それをムラ全体の連帯責任でやらせることにしたのだ。これが村請《むらうけ》制と呼ばれるものだ。

ムラには、百姓の中から選出された名主《なぬし》（西日本では庄屋《しょうや》）が責任者になり、五人組の頭《かしら》の中から選抜された組頭《くみがしら》がそれを補佐し、またのちに、これら村政執行部を監査する役割をもった百姓代《ひやくしようだい》がおかれるようになった。村方三役《むらかたさんやく》と呼ばれた、これらの村役人は、支配階級のほうから見れば、行政末端機構として位置づけられ、年貢や夫役も彼らにムラごとにとりまとめさせて、責任をもって納めさせたのである。なんらかの事情で年貢を納められない者が出れば、村役人の責任で、ムラ全体で弁納《べんのう》させた。これは、支配階級からすれば、手間がかからないうえに安上がりだから、便利な制度だとも言える。

だが、これは、ムラの自治を認めることと引き換えに手に入る便利さだった。中世の惣《そう》村《そん》は、地侍層を中心にして封建領主の介入を防ぎ、年貢の取り立てに対しても集団として対応するという惣村自治を発展させていた。これを基盤にして、近世になって、兵農分離されたあとも、地侍層ではなくムラ全体の連帯自治によって自治を守った。そのあらわれが村請制だったと見ることができるのである。

名主をはじめとする村役人は、領主側が任命したわけではなく、ムラの百姓によって選ばれるものであった。領主はそれを認定するだけで、選出にはいっさい介入しないことを原則としていた。

そもそもムラは領主や武士がつくったものではない。もともとは住居が耕地や山谷の中に点々と散在していた――こういう住み方を散居《さんきょ》という――のを、農林漁業生産をより効率的におこなうために、次第に密集して住んで社会組織をつくるようになり――これを集落形成という――、ここにムラができてきたのだ。これを自然村という。

もともとこの自然村に百姓の共同自治組織が自然発生的にできていたのであって、村役人制度はそれを追認したものにすぎない。上からの強制によってできたものではないのだ。領主、支配階級としての武士は、この組織の自治を認めて、その代わり年貢と夫役はムラとしてちゃんと出せ、それさえすれば、あとはまかせる、ということにしたのだ。

だから、中世以来徳川時代までのムラは、ムラの自治のための村掟《むらおきて》（地方によって村定《むらさだめ》、村法《むらほう》、村極《むらぎめ》などいろいろな名前で呼ばれている）を自分たちで定め、その掟に反した者は自分たちで処罰し、ムラの共有財産を定めて自主管理するなど、ムラの中のことは自分たちで統治していたのである。これは、現在の地方自治体がおこなっている自治よりもずっと「自己統治」の名にふさわしいものだったといえる。

■「利権」ならではの力があった

ただ、そこには身分制社会の大枠が厳然とはまっていたことを忘れてはならない。「年貢と夫役はムラとしてちゃんと出せ、それさえすれば、あとはまかせる」といったけれど、これには大前提があった。「身分制度の枠をはみだすなよ」ということである。

自治は、各自が身分制度のそれぞれの身分の中で、その身分の本分を尽くすことを前提に、認められていたのである。農民には農民の務めがあって、それを果たすことが大前提である。そこから出ようとすることは許されないし、また日常生活においても、農民にふさわしい生活様式をとることが強制された。だから、徳川時代に出された「御触書《おふれがき》」を見ると、布木綿《きれもめん》しか着てはいけないとか、衣類を紫や紅梅《こうばい》に染めてはいけないとか、乗物に乗ってはいけないとか、そういう身分秩序を逸脱することは、細かいことまで権力によって厳しく規制されていたのである。

その枠の中での自治である。近代的個人の権利の上に立った自治ではない。この自治権というのは、近代における関係からとらえるなら、権利よりも利権といわれるものに近い。そして、ある意味では、だからこそ力をもっていたのだ。

だが、私らが学生だったころ、いや、そんなに昔ではなくても、つい一〇年くらい前までは、徳川時代の農民といえば、幕府と藩の苛斂誅求《かれんちゅうきゅう》に苦しみながら、反抗することもできず、災害と凶作に見舞われると自暴自棄になって絶望的な百姓一揆《いっき》に起《た》ち上がっては殺戮されるという、徹底的被抑圧人民として描き出されているのが普通だった。それをよく表していたのが白土三平《しらとさんぺい》の劇画『カムイ伝』の農民像であり、ムラの像であった。若いとき学生運動家だった私らは、抜け忍の非人・カムイに自己を投影しながら、正直で勤勉なのに階級支配に前途を阻まれる農民・正助《しょうすけ》を解放してやろうといきがっていたものだ。

こうした「農民貧窮史観」(佐藤常雄《さとうつねお》・大石慎三郎《おおいししんざぶろう》『貧農史観を見直す』講談社)は、現実を見ないまちがった見方だった。これは、左翼の階級闘争史観がまちがっていたというよりは、むしろ歴史を見るときに、「いま」「ここ」につながる現実というものを人々がどう生きてきたか、自分ならどう生きただろうかというところから見ないで、歴史を物語に仕立て上げてしまうところに原因があったというべきだろう。だから、つい五〇年前のこと、自分が体験した歴史だって、およそ現実からは離れた物語に仕立てられて流通していても、気がつかないし、自分の体験として語ってしまったりすることさえあるのだ。

そのようにして、文化の連続性が途切れていく。談合だってそうなのである。前近代の談合まで説き及ばなくても、近代の土建屋の談合だって、もともと抵抗であり自治であったことが、そして、ついこの間まで、そういうものとして機能していたことが、きれいさっぱり忘れられてしまっている。そして、癒着と利権の物語が語られている。そういう状況を打ち破って、現実感覚を取りもどさなければならないのだ。

■寄合《よりあい》と談合

さて、徳川時代のムラにあった自治は、どのように運営されていたのか。

ムラでは百姓の意思決定機関として「寄合《よりあい》」という会議が開かれていた。年二回から数回、定例の寄合が開かれるほか、ムラの中、あるいは隣村などムラ同士の間に問題や紛争が生じた場合には、名主などの村役人が招集して臨時の寄合（これを野寄合《のよりあい》と呼んだ）が開かれた。参加するのは、ムラの構成メンバー全員である。初めは本百姓《ほんびやくしよう》だけが構成メンバーとされていたが、のちには水呑《みずのみ》と呼ばれる貧農（親方百姓に隷属していた百姓、小作人、年貢・夫役を負担しない下層農民などをさす）もメンバーに加えられた。

寄合で決定されたことは、村掟（村定、村法、村極）として自治共同体の規範となったことは、前に述べたとおりだ。村掟は、明文化されない場合も多かったが、近世史学者によると、ムラの社会規範としては、幕府や藩の法よりも強い規範力をもち、「ムラの掟が一番強かった」といわれている。

村掟がこのような強い規範力をもつことができたのは、どうしてだったのだろうか。幕藩《ばくはん》権力のように暴力装置を背景にしていたわけではない。ムラは、軍隊はもとより自

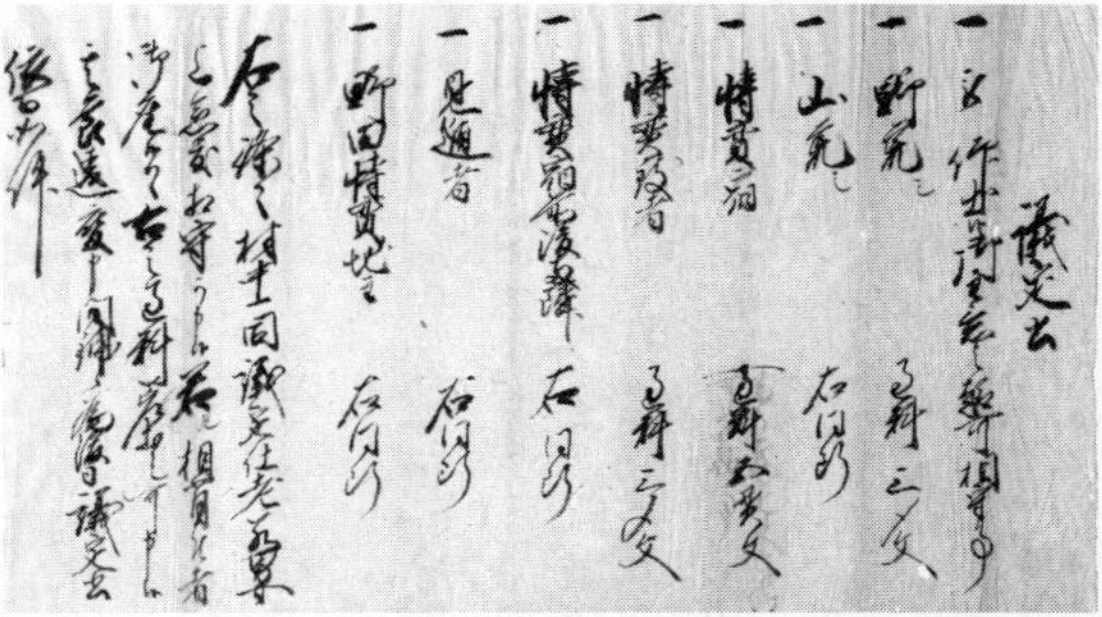

ムラの共同規範が記された江戸時代の「村掟」の一例。領主の命令を守ることや、野荒らし（作物を盗むこと）、博奕(ばくち）に関わった者に対する罰金などが箇条書きで定められている。
（群馬県立文書館蔵「前橋市龍蔵寺町自治会文書」）

前の警察力ももってはいなかった。まだ地侍がムラにいた中世の惣村では、寄合が惣掟《そうおきて》に違反した者に対して、追放・財産没収・死刑などの処罰を執行する権能をもっていたことがあった――これを自検断《じけんだん》という――が、徳川幕藩体制の下では、そのようなことはもはやなかったのである。まったくの非武装自治である。

村掟違反に対する最高の制裁は村八分《むらはちぶ》であった。葬式と火事以外はつきあいをいっさいしないという共同体からの仲間はずれの制裁である。それも、実際には、短い期間の後に罰金に代えたり、労役に代えたりして、徹底して疎外するようなことはなかったらしい。

いずれにしても、このように、国家が法に基づいて「これをしろ」と刑罰を積極的に科してくるのに対して、ムラの自治は、社会が掟に基づいて「これをしてやらない」という制裁を消極的に科すという形になっていたわけである。こう見ると、ムラの掟による社会的制裁は、幕府の法による国家的処罰より弱いように見えるが、人がその社会から別の社会へ移ることができないときには、実際ははるかに強いものなのだ。こうした条件の下では、国家から処罰を受けても生きていけるが、社会から締め出されたら生きていけないのだ。これがムラの掟を外から見たときの、強い規範力の淵源《えんげん》である。

だから、ムラの掟を定めたり、その掟を発動したりする寄合の話し合いは、慎重におこなわれた。緊急の問題がある臨時の寄合では「多分《たぶん》の儀《ぎ》」つまり、多数決で決着をつけた場合もあるが、そうでない場合には、原則として全員の合意が得られるまでおたがいの認識を深め合ったという。

ムラの中には個別利害の対立は確かにあったが、同じ農林漁業を営《いとな》む者の共同体だから共同利害の幅も広い。特に稲作農業を中心にした徳川時代の日本の農村は、ほとんどが小規模経営農民から成り、格差が比較的小さく同質性が高かったし、協同労働なしには稲作が成り立たなかったから共同体の結束が強かった（このへんもヨーロッパ封建制社会の農村と違うところである）。だから、完全合議制の自治運営ができる基盤があったのである。そして、ほぼ完全合議制に近い自治運営がなされたからこそ、寄合の決定は強い規範力をもつことができたのである。

このような寄合による完全合議制の自治は、近代に入ってから多くのところで壊され、「忘れられた日本人」の範疇に入るものになってしまった。しかしそれは、非常に根強いものだったから、戦後になっても、一部の村落ではしっかりと生きていたのだ。民俗学者の宮本常一《みやもとつねいち》は、その様を詳しく取材して、「対馬《つしま》にて」という報告（『宮本常一著作集』第一〇巻、未來社）のなかに生き生きと描いている。このとき寄合は三日かけておこなわれ、論理ずくめではなく、体験に言寄せたたとえ話で話されることが多く、そうすれば大概の話は三日でかたがついたという。この四カ浦総代会は四〇〇年以上前から続いているとのことで、「村の伝承に支えられながら自治が成り立っていたのである」と宮本は書いている。

それでは、ムラとムラとの関係ではどうだったか。

徳川時代のムラの間での民事紛争といえば、水論、山論、境論の三つが代表的なものだった。水論とは農業用水の利用をめぐる紛争、山論とは共同利用する山林原野の利用（入会《いりあい》という）をめぐる紛争、境論とは田畑やムラの境界をめぐる紛争のことである。これらは、いずれも生産手段と共有財産をめぐる紛争といえる。

これらの紛争にさいして、各ムラは、奉行《ぶぎょう》所などに問題を持ち込んで幕府や藩の権力に頼るのではなく、自治的に解決を図った。そのために、当事者同士、あるいは代表同士の話し合い、つまり談合がおこなわれたのである。このような解決方法は内済《ないさい》と呼ばれ、話し合いは和解談合《わかいだんごう》と呼ばれた。幕藩権力のほうも、近代法的ないい方をすれば、民事不介入で、このような紛争の処理は内済にまかせた。

談合坂や団子坂でおこなわれたのが、このような和解談合だったのだろう。こうしたムラ同士の談合においても、ムラの中でおこなわれた寄合の談合と同じように、極力双方が納得できる合意が追求された。だが、水論も山論も境論も、結局水掛け論に終わるような場合が多かったから、暴力装置のような強制力を背後にもたない談合では、なかなかまとまらなかった。まとまらないときにはどうしたか。後に商品経済がムラに浸透するようになってからは、ムラのほうから公権力による裁判に解決を求める傾向も出てくるのだが、基本的にはまとまるまで談合した。解決までに一〇年もかけて和解談合を続けた例があるのを見ても、ムラの自治は、時間をかけて認識を深め合い、妥協しあって、みんなが納得のゆく合意を形成することを基本にしたのである。

この合意形成の積み重ねこそが、村掟の強い規範力を保証したのである。つまり、談合が自治を支えていたのだ。

■土地の神の下《もと》での談合

談合を積み重ねても合意にいたらなかったときには、どうしたのか。どうしても合意形成ができないときには、さっきいったように後には公権力に頼る傾向も出てきたが、そうではなくて、神意に委《ゆだ》ねるという解決法を採《と》るのが普通だった。たとえば、佐渡《さど》生まれの近世史学者・田中圭一《たなかけいいち》は、佐渡でおこなわれたこんな談合の例を採取している（田中圭一『村からみた日本史』ちくま新書）。

元和《げんな》一〇年（一六二四）のことである。佐渡の北海岸南片辺《かたべ》村と隣村の北片辺村の間で山の境界争論が起きた。そのとき近隣一〇か村の中吏《ちゅうじ》（名主）たちが立ち会って協議し、両村の中吏に焼け火箸《ひばし》をつかませて、手が焼けなかったほうを勝ちにする、ということを決議している。結果的には両者の手が焼け、両村が共にその山に入会うということで決着をつけている。

優れた解決法というべきだろう。近代の合理的な考え方からすれば、焼け火箸をつかんで火傷《やけど》をしなかったほうが正しいなんて、インチキもはなはだしいということになるだろうが、どっちが正しいという結論が実はないところで黒白つけなければならないという状況のもとでは、こういう解決法がベストなのである。そして、われわれの生活の中での争いというのは、つきつめていけば、そういう性格のものである場合が非常に多いのである。だから、われわれは、いま、こうした解決法の文化を思い出さなければならないのだ。

けれど、同時に、それは談合の積み重ねがあってはじめて、みんなが納得できる解決になるのだ。いきなり、これは問題の性格からいってどうせ水掛け論になるから、焼け火箸で決めましょう、なんていってもだれも納得しない。合意をつくるために、みんなが同じ資格でつどっている平場《ひらば》で、ああでもない、こうでもないと談合を重ねてこそ、これは神様に判断してもらうしかないな、というところにいくのである。

そして、ここに、村掟が強い規範力をもつことができたもう一つの根拠が浮かび上がってくる。神である。談合の末に行き詰まったとき持ち出された神意は、便宜的にもってこられたものではないのだ。

もともと中世の惣村自治は、宮座《みやざ》という氏神《うじがみ》を守る祭祀《さいし》集団を中核としたものであった。近世のムラの自治も、これを受け継いで、ムラの神社を精神的な拠り所とする結束だったのだ。ムラにはかならず中心になる神社があった。その呼び名は、地域によって、氏神、鎮守《ちんじゅ》、産土神《うぶすながみ》、産神《うぶがみ》などといろいろだが、それは、古代以来の氏族の守り神をもとにしながら、氏族が崩れるにともなって、その意味が薄れていくにつれ、土地の神、地域共同体の守り神として発展させられたものだった。

ムラの談合が、こうした神社の近くで「神人共食」のもとでおこなわれたことはすでに見たとおりだ。重要な談合の決定事項については「起請文《きしようもん》」を書いて署名した。その後、それを焼いて神水にまぜ、一同でまわし飲んだ――「一味神水《いちみじんすい》」という。

俗界から聖界へと移り行く境で談合をおこなうことで、日常から非日常へと跳躍する場が設定される。そういう場で神の下で合意することによって、神が談合の正当性を保証してくれるのである。

つまり、ムラの自治は、利害による結束だけのものではなかったのだ。土地の神とつながることによって、現実の利害を超え、同じ目的のために心を一つにするもの――これを「一味同心《いちみどうしん》」という――だったのである。ここに村掟の強い規範力の源泉があった。

掟が法を超えるとき

これは、日常性を超えた問題に直面し、通常の手段では解決できないと意識されたときに組まれる「一揆」という結合において、典型的なかたちで現れる。そもそも村掟の制定自体が、日常性を超えた例外状況において下される決定なのだが（だから、一味神水・一味同心を通じておこなわれる）、そうしたものである村掟でも解決できない事態が発生したとき、その事態に即した非日常的な結束を組み直すのが一揆である。

一揆を組まなければならないのは、基本的に身分制の枠を超えなければ問題が解決できなくなったときである。徳川時代の百姓一揆でよくあったのは、増税に対する反対要求、あるいは饑饉《ききん》のさいの減税要求である。こんなとき、まず村役人が要求をまとめて藩当局と交渉したが、それでも解決しない場合、一揆が組まれることがあった。ムラの全員が参加して談合がおこなわれ、この場合は「多分の儀」（多数決制）で決定がおこなわれ、成立すれば、一味神水・一味同心によって誓約がなされる。

百姓一揆というと、やせ衰えて血走った目をした農民が鍬《くわ》や鎌《かま》を手にして神社に集まって、筵旗《むしろばた》を立てて代官所や陣屋《じんや》に押しかける——といったイメージで、いまだにとらえられているのではないかと思うが（私自身ずっとそう思っていた）、そんなことはない。一揆が組まれて、まず採られる手段は、たいがいが愁訴《しゅうそ》である。

藩が要求を受け入れてくれないので、その上の幕府に窮状を訴えて、同情をえるという手段だ。ムラの代表が江戸に出かけて愁訴する。これ自体、身分制秩序をはみでるものだから、一揆を組まないとできないのである。そして、これで成果を勝ち取った場合もずいぶん多かったのである。それでも解決しないとき、強訴《ごうそ》（徒党を組んで強引に訴えること）

や逃散《ちょうさん》（集団的に他所に立ち退く示威行動）、一国騒動（連合を組んだ規模の大きな蜂起）に発展する場合もあった。

一揆というのは、自治が非日常的な事態に対して採る形なのである。そもそもは、戦国時代に身分の異なる集団が、侍も百姓もそれぞれに結束して、一揆を組んだことに始まる。むしろ、武士の一揆が原型である。それらは、それぞれが自立した自己権力をめざした。それに対して、戦国大名は、そうしたいろいろな一揆を認めて、保証してやり、多様な自己権力をみずからの権力体系の中に組み込んでいったのだ。

やがて天下統一がなされ、徳川幕府による全国支配が確立して、かつての一揆は自己権力になることなく、平時の世界からは消えていった。しかし、一揆のもとになっていた惣村の自治は、幕藩権力が認める形になって生きつづけ、その自治が非日常的な事態に対しては一揆という形をふたたび採ることになるというわけなのである。

このようにして、徳川社会は、幕府と藩という全体社会が身分制秩序を形成したのに対し、その身分制秩序の中に部分社会としてあるムラが自治社会を形成するというかたちで成立した。ムラは、百姓身分としての枠を全体社会の中でははめられていたが、その枠の中では、かなりの程度まで自立した自治を保っていたのである。

この幕藩社会という全体社会の社会規範は、支配階級である武士が定めた身分別の

「法」である。これに対して、ムラ社会という部分社会の社会規範は、ムラごとに自治的に定めた「掟」だったのである。その掟を支えていたのが談合と土地の神である。

幕府は、武家に対しては武家諸法度《しょはっと》、公家に対しては禁中並《きんちゅうならびに》公家諸法度といった身分別基本法に基づいて法的統制をおこない、百姓身分に対しては、一六四九年（慶安《けいあん》二年）の慶安御触書を基本法として、さまざまな法を発布して統制したが、実は、これらの法も、ムラの掟の圧力によって制定されたものが少なくないのだ。たとえば、幕府が出した分地制限令は、分地制限を村掟に定めて困窮を防ごうとした百姓が藩・幕府に要求する中で制定されたものだったことを、田中圭一が『村からみた日本史』の中で実証している。そこで、田中は、こう結論づけている。

> 百姓には法を出す権能はない。これはいつの時代も同じである。形式上、法はいつも支配している側が発令する。しかし、同時に注意を払わなければならないことは、法は支配者の恣意《しい》によって出されるものではないということである。

「ムラの掟が一番強かった」と書いたが、それを根拠としながら、「ムラの道理が法になる」ということもあったのである。一揆は、掟が法を超えなければならないときに組まれたのである。そういうことが可能になったのは、ムラの人々が、全体社会である幕藩社会の法よりも、部分社会であるムラ社会の掟のほうを優先し、その掟をムラの構成員全員による談合の中から創り出していたからである。それがムラの自治の力であった。そして、これが私のいう「自治としての談合」の原型なのである。

6 官製資本主義が談合を生んだ

■近代日本は「官製資本主義社会」だ

幕藩体制を打破して近代国家を建てた明治政府は、富国強兵《ふこくきょうへい》と殖産興業《しょくさんこうぎょう》を合言葉に急速に近代化を進めていく。そのころ、世界は英米独仏蘭などの先進資本主義国が帝国主義段階に入りつつあり、アジア侵略を強めようとしていた。これに抗して日本を植民地にさせないためには、政治的にも経済的にも国力を急速に成長させなければならなかった。

欧米では、自然発生的に下から成長してきた資本主義の上に立って、国民国家がつくられ、政府が近代的制度を定めていく形を採ったが、日本ではそういう悠長《ゆうちょう》なことをやっていては間に合わなかった。

中国清《しん》朝では、これより前から「洋務《ようむ》運動」という富国強兵政策が進められていたが、これは中国の学問・制度を主体として、そこに西洋の主に技術を取り入れていく「中体《ちゅうたい》西用《せいよう》」という考え方を中心としたものだった。だが、制度と技術がうまくかみあわず、成功しないで停滞していたところを、列強にどんどん侵略されていった。

明治政府は、これを教訓に、一方で「和魂洋才《わこんようさい》」（日本の精神を変えずに西洋の知識を学ぶ）などと言いながらも、技術や知識を取り入れるだけではなく、政治制度・経済制度自体を思い切って西洋化することに努めたのである。

このようなやりかたは、いわゆる開発独裁あるいは官僚的権威主義による近代化といわれるものである。このようなやりかたをすれば、まず政治制度・経済制度が、制度の基盤が下にあるかどうかにかかわりなく、上からつくられていくことになる。

そして、それだけではなく社会関係も上から国家の力で変えていくことになる。つまり、制度を先につくっておいて、その制度の基盤をあとから、しかも上からつくりだしていくという転倒したやりかたを採るわけである。これが日本近代化の手法であった。

こうしたやりかたが採られた近代日本では、資本主義社会が丸ごと上から国家官僚の手でつくられたのだ。つまり、日本の資本主義は官製資本主義なのである。

簡単にいえば、明治政府は、殖産興業政策を工部省《こうぶ》が中心になった官営の近代産業移植として展開し、鉱山・鉄道・通信などの官営開発、製糸・紡績《ぼうせき》などの官営模範工場設立を通じて官みずからが近代鉱工業生産をおこなって、のちにこれを民間に払い下げることによって資本制生産を軌道に乗せたのである。

ただ、ここで、上からだけでなく下からの動きをどう見るかという問題がある。「丸ごと上から」と書いたが、もちろん、まったく下からの盛り上がりのないところで社会のありかたを変えるということは不可能である。この点で、明治の日本でも、徳川後期以来の商品関係の広がり、マニュファクチャーの始まりなど、資本主義への動きはあったことは確かだし、商業資本も一定程度形成されており、これらが基盤になったことはまちがいない。

したがって日本の場合は、開発独裁の典型とされる、インドネシアやエジプトのような第二次大戦後の旧植民地国の近代化と比べると、ずっと自生的な性格が強い。その意味では、狭い意味での「開発独裁」とは区別されるべきなのだが、しかし、そうした一定の下からの要素を含めて、すべてを「丸ごと」吸収して「上から」国家政策として展開したところに、日本の近代化の基本的な特徴があったこともまちがいないのだ。

このような形を採った日本の近代化を、アジアにおいて日本のみがなしえた独特の近代化として高く評価する見方と、それが本来の近代原理を実現するものではなかったとして、「歪《ゆが》んだ近代化」「封建制の残存」が大きな弊害《へいがい》となったとする見方との間で評価が分かれている。

戦後、私らが小僧っ子や学生だった一九六〇年代までは、後者の「歪んだ近代化」を批判する近代主義者（丸山真男・大塚久雄《おおつかひさお》・川島武宜《かわしまたけよし》など）や「封建制の残存」を強調する正統マルクス主義者（日本共産党系の学者）の論がけっこう強くて、そこから、談合などは、そうした歪みや残存のあらわれとして否定されていたわけである。私は、日本社会には革命が必要だと思っていたが、その革命を推進する者（マルクス主義者）や支持する者（近代主義者）が採るこうした立場には、違和感をもっていた。いまでは、はっきりとまちがっていると思っている。

だが、前者の日本型近代化賛美論に賛成だというわけではない。それは、日本の近代化が成功したのは、伝統を生かして、西洋とちがうものを創り出したからだという考え方で、「歪んでいる」というのは西洋近代を唯一のモデルとして近代化を考えるからだという。そのかぎりでは正しい議論である。ところが、これだと、日本の近代化が、伝統的なものを手直ししながら近代的なものにうまく潜《もぐ》りこませ、それによって、近代的なものも伝統的なものも、それぞれ違ったものにすりかえながらやってきたことが充分見られなくなってしまう。

いきなり、日本の資本主義と近代化についてこむずかしい話をしてしまったが、これが実は談合をどう見るかに大きな関わりがあるのだ。談合というものが、現代日本のような高度に発達した資本主義社会、近代化をなし終えた社会にいまだに存在せざるをえないのは、ひとえにこの日本の資本主義、日本の近代化のありかたによるものなのである。

だから、逆にいえば、なぜ談合が存在しつづけたのかを探っていけば、日本近代というものがどういうものだったのかも、わかってくるのである。そして、日本近代のありかたをどうとらえるかは、近代という時代が終わろうとしているなかで、日本はどういう進路を探るべきかということに関わって、いまあらためて重要な課題になっているのである。

■殖産興業が土木建設請負業を生んだ

さて、急速に経済的な力をつけていくために採られた殖産興業政策を実現していくためには、まず近代産業開発の基盤となるインフラストラクチャーの整備が先決だった。

明治の初め、道路、港湾、交通機関、発電、通信など国内の産業基幹施設はまことに貧しいものだった。これらを急いで整備しないことには、近代産業を興《おこ》すことができない。そこで、明治政府は、すぐに建設に取りかかるのだが、このとき特に重視されたのが道路と鉄道、そして幕末以来おこなわれていた港湾の整備である。

徳川時代、物資の運送は主に水運に頼っていた。沿岸海運と河川舟運《かせんしゅううん》である。陸上では大きな車両を動かすことは禁じられており、幹線道路だった東海道《とうかいどう》、中山道《なかせんどう》、奥州《おうしゅう》街道などの五街道は、幕府によって多数の宿駅が設けられて寸断されており、その宿駅と宿駅の間を駅伝方式でつないでいく制度だった。

そんな道路だから幅が狭く、路面が弱かった。港は全国各地にあったが、船舶そのものが小規模なものだったから、燃料の石炭を積み下ろしたり、原材料・製品を運ぶ船舶を出入りさせたりできる港湾設備はなく、近代産業のために使えるものではなかった。

明治政府は、すぐにこうした運輸・交通のインフラ整備に取りかかっている。横浜などの国際港の築港を進めるとともに、鉄道建設にも着手し、一八七二年（明治五年）には、早くも新橋《しんばし》・横浜間に最初の鉄道が開通している。また、一八七三年（明治六年）には「河港道路修築規則」を発布して、国家の財政を使った道路・港湾整備が本格的に始まった。明治初年代には、このような国家的事業の土木工事ラッシュが見られたのである。

これらの土木工事は、いずれも請負工事の形でおこなわれた。基本的に工部省などの中央官庁が発注して請負業者が工事にあたったのだ。工部省とは、一八七〇年（明治三年）に太政官《だじょうかん》のもとに設けられ、大規模官営事業を計画実施し殖産興業政策の中心になった官庁である。

当時の請負の実態はどんなものだったのだろうか。

土木工事の請負は、徳川時代からおこなわれていた。文献上で確認されている最初の請負工事は、一六六四年（寛文《かんぶん》四年）に八丁堀《はっちょうぼり》に鉄砲安土《てっぽうあづち》（射撃場）を建設したときのことだとされているが、それ以前から入札や請負施工は広くおこなわれていた。

幕府がおこなう公儀の工事であれば、大名に割り当てればすんでいたが、幕府直轄領や各藩内の大規模工事については、それぞれが自前でやらなければならない。一時的に大量の労働力を投入しなければならないので、領内の者に請け負わせていた。請け負っていたのは、日用之者《ひようのもの》と呼ばれる臨時労働者を集めることのできる日用頭《ひようがしら》という口入れ業者であった。そして、この日用頭とは、近世ヤクザの一つの形態だったのだ。これについては、『ヤクザと日本——近代の無頼』（ちくま新書）に詳しく書いた。

明治になってからも、初めのうちは同じである。明治政府にとってみれば、もはや「公儀」だと言って命じることができる大名はいなかったわけだし、「夫役《ぶやく》」として百姓を動員することもかなわない。かといって、みずから労働者を集める手段ももっていなかった。そこで請負業者を見つけて請け負わせるしかなかったのだが、それに応《こた》えて労働者を集めて、工事の期間中管理できたのは、親分・子分関係を通じて下層民を動員する能力を持っていた、近世ヤクザの流れを汲む俠《きょう》の者《もの》以外はなかったのである。

たとえば、日本鉄道建設業協会『日本鉄道請負業史』によると、新橋・横浜間の鉄道建設工事を請け負ったのは、高島嘉右衛門《たかしまかえもん》を中心とする五人だったが、労働力を供給したのは、主として土佐《とさ》の侠客《きようかく》・山中政次郎《やまなかせいじろう》と薩摩《さつま》出身で横浜の新興顔役・梅田半之助《うめだはんのすけ》だったとされている。高島嘉右衛門は、梅田同様、横浜を拠点に伸びてきた請負業者で、その背景には、一八五九年（安政《あんせい》六年）の横浜開港前後から、築港、開港場の居留地の造成、洋館の建設などをめぐって盛んにおこなわれていた土木建築工事の請負があった。

この鉄道建設のとき、前掲の請負業史によると、用地は所有者と交渉せず、全て徴用後支払い買上げ、路盤は埋め立てがほとんどで、埋め立てには八ツ山《やつやま》の切取土を利用している。このような埋め立て、整地、築立《つきたて》を主とする土木工事に必要なのは、土木技術よりは大量の労働力を一時的に動員して管理することができる労働力供給の能力だったのである。当時は、ほかの土木工事でもだいたい同じだった。だから、当時の土木請負といえば、どうやって労働者を集めるかが最大の問題であり、請負とは要するに「人夫出し」のことだったのだ。

もう少しあとのことだが、明治の土木請負業の性格をよくあらわしているのが、一八七四年（明治七年）に西松桂輔《にしまつけいすけ》が興した西松組（現在の西松建設）が残している記録である。そこには、西松三好《みよし》社長の署名で、勃興《ぼつこう》期の請負業について、次のようにのべられている（土木工業協会・電力建設業協会『日本土木建設業史』）。

日本の請負業は一種の家族工業の形態を以《も》って明治初年（一八六八）に始まったと言うことができる。明治時代を通じて動力の利用出来ぬ当時は勿論《もちろん》ウインチもミキサーもなく単なる工具を使用するのみであって工事の凡《すべ》ては孜々《しし》たる労働力の結果であった。家長は終日工事現場において労働者を督励《とくれい》し鋭意工事の進捗《しんちょく》を計《はか》り、家長の信頼せる者即ち主として血族中から金銭出納係《すいとう》を選び、家婦は労働者の炊事を担当するのが常であった。労働者中相当期間家長について技術を修得し且《か》つ人の頭に立つ素質を有する者が所謂《いわゆる》子分として準家族の待遇を受け、家長を助けて工事に従事したものであった。子分に対しては衣食住の供与は勿論結婚、出産、病気等慶弔《けいちょう》に際しても家族同様に懇《こん》切《せつ》に取扱い季節に際しては子分の子供のために家婦は自ら着物の柄の選定にまで気を配ったものである。

要するに、労働力供給のためにつくられた、親分・子分関係をもって一家として結びついた労働者の家族的共同体が、土木建設請負業の実体だったのである。そして、それは、殖産興業のためのインフラ整備として明治初年以来急速におこなわれた国家官僚による公共土木工事を通じて、それを実際にになう労働力集合体としてできあがったものだったのである。

殖産興業政策を進める明治政府は国内インフラの整備工事を急いだ。大量の労働力を必要とするため政府は請負業者に工事を発注、請負業者が労働者を集め、工事にあたった。明治5年に開通した新橋・横浜間の鉄道工事も例外ではない。写真は開業直前の新橋停車場。（写真／時事通信）

この集合体が、実に、ついこの間まで牢固《ろうこ》として受け継がれてきた日本土建業の実体なのである。私は、自分が生まれ育ち、やがては後を継いでいった京都伏見《ふしみ》の土建屋・寺村《てらむら》組を思い出す。私が子供の頃の昭和三〇年代初め、家には、組の若い組員や土方たちが二〇人ほど、家事手伝いの女衆が三、四人、下男が三人住み込んでいた。

生活のセンターになっていたのは三〇畳ほどの食堂兼居間で、そこで一緒に食事をしたりくつろいだりする。朝飯は六時に家族と住み込みの者全員、親父もおふくろも私ら子供も一緒で約三〇人全員が細長い食卓の前に坐って、親父の一言を合図にして一斉に食べ始める。食べるものは全員同じだった。大皿に山盛りにしているおかずを各自が勝手に取って食べる。おかずもふんだんにあって、晩飯のときは酒も出る。そういう、大家族原始共同体的結合が土建屋の実体だったのだ。

請負は「下命」と「恩恵」で成り立っていた

これらの請負は、最初のうちは、まだ競争入札制ではなくて、指名入札制か特命随意契約制かによるものだった。

指名入札制とは、発注側であらかじめ受注できる業者を指名して合い見積もりを出させ、そこから受注業者を選定する仕組みである。また、特命随意契約制とは、同じように受注できる業者を指名したうえ、入札をおこなわず、選定した業者と価格、条件などを交渉して契約をおこなうことを言う。このようにして、ともかく契約が結ばれていたわけだが、しかし、その実態を見ると、これらの方式による請負契約は、形式上は契約だったといっても、発注側と受注側が対等・平等で契約し合う近代的な契約概念からははるかに遠いものであった。

さっきも書いたように、土木工事の請負は、徳川時代からおこなわれていたが、そこに成り立っていた請負関係は、身分制の下にあって、まことに一方的なものであった。支配階級である武士身分の者が、身分が下の工商身分の者に請負をさせる、しかも、単に身分が上というだけでなく、幕府や藩という諸身分全体を包括する政治権力をバックに請負をさせるのだから、請負といっても命令のようなものである。

古文書をもとに徳川時代の請負の実態を調べた建設文化研究所の菊岡倶也《きくおかともや》は、「請負契約書なるものは、請負人よりも絶対的優位な立場に立つ発注者が一方的に定めた定型にしたがって、請負人が自由なかけひき無しに署名をしたもの」で、請負人が「下命」を受けて、その命令を守るように言いつけられたことを文書化したものにすぎないといっている（「日本における入札の歴史」）。

そして、明治維新後、幕府や藩がなくなって、四民平等になっても、この関係は変わらなかったのだ。殖産興業政策のもとでの土木工事ラッシュのとき、発注者は工部省などの国家官僚に変身したかつてのサムライであり、請負人の多くは、徳川時代以来、幕府や藩の請負工事を手がけてきた職人や商人であった。士農工商の士から工商が下命を受けるという形と同じだったのだ。

たとえば、新橋・横浜間の鉄道建設を仕切った高島嘉右衛門は、もともと材木商で安政大地震のときの佐賀《さが》藩邸普請《ふしん》の請負などで財を成した人物だった。当時の横浜は、そういうビジネスチャンスに満ちていたので、幕末以来の請負業者が集まってきていた。鹿島組《かじま》（現在の鹿島建設）の鹿島岩吉《いわきち》や、のちに清水《しみず》組（現在の清水建設）を建てる初代及び二代目清水喜助《きすけ》などは、その筆頭である。

鹿島岩吉は、もともと桑名《くわな》藩主松平越中守《まつだいらえっちゅうのかみ》の出入り大工の棟梁で、独立して安政年間に横浜に出てきて、最初の洋館・英一番館《えいいちばんかん》を建てている。初代清水喜助は江戸神田《かんだ》の大工で、日光東照宮《にっこうとうしょうぐう》修理、江戸城西《にし》の丸《まる》修理など幕府の請負に関わり、横浜で外国奉行所建設を請け負ったのを契機に横浜に出てきて、二代目喜助が幕府の請負で外国人向けの築《つき》地《じ》ホテルの建設をおこなったりしている。「当時の横浜は、少なくとも手堅い棟梁・職人の行く所ではなかったようである。しかしこのような人々の中にも、大胆ではあるが着実に歩みを進めていた人がいた。……その代表的な例が、初代及び二代目清水喜助と鹿島岩吉であろう」と初田亨《はつだとおる》「建築史からみた横浜」という文章には書かれている（神奈川県立博物館『横濱銅版畫《よこはまどうばんが》』）。

■「官主導」を象徴する契約形態

ここで押さえておくべきなのは、これら新時代の土木建設業者が、一方で旧時代の身分制の下での請負関係を踏襲することによって擡頭《たいとう》してきたものであったと同時に、近代的で資本制的な関係が入ってきたのをいち早くとらえて、「手堅い棟梁・職人の行く所ではなかった」ところに出てきて新しい型の事業を興そうとしたという両面をもっていたことである。前者の側面が上からの「官製資本主義」によって日本資本主義が始まったという面であり、後者の側面が下からの企業家精神がそれと結合していったという面である。この二つの面がともにあって初めて、明治一〇年代末からの企業勃興期を通じて資本主義が確立していったのである。

ただ、その過程は、全体として見るなら、この二つの面のうち上からの「官製資本主義」が、下からの企業家精神を吸い上げて国家主導で進めたものであって、基本的に官の事業を民に命じて請け負わせるという性格をもっていたのである。その性格は、国家の公共事業としての土木建設請負にかぎらないものであったが、特にこの請負契約に、官主導の近代産業という特徴が端的にあらわれている。

この請負契約を詳細に研究した法社会学者の川島武宜・渡辺洋三《わたなべようぞう》の『土建請負契約論』（日本評論新社、一九五〇年）によると、これらの土建請負契約は、すべて発注者と請負人との間の権利・義務関係を規定したもので、そのかぎりでは近代的契約の体裁をとっていながら、中身を見ると、近代的契約の権利・義務関係とは、まったく異質な関係が規定されているのである。これは明治の初めにかぎらず、ずっとそうだった。

契約を結んだ両者が平等に対抗しあう関係にあることは近代的契約の大前提である。だから、両者は相互に対等に義務を負い合う双務的な関係にある。ところが、土建請負契約

において は、注文者の義務と請負人の義務とは、それぞれ別の用語で規定されている、と川島らはいう。

彼らの指摘に従って、実際に契約書を見てみると、確かに、請負人の義務は「……すべし」という表現で明確な義務として規定されているのに、発注者の義務は「……することあるべし」という表現で、そうしてやることがあるかもしれないという蓋然《がいぜん》性の予測として規定されている。これでは片務的な関係に等しい。これが普通のことだったという。

また、両者の法律関係は、発注者である官庁のほうが「相当と認める」ところによって決まるものとされ、またこれに対して請負人が異議を主張できないことが付け加えられていたり、疑義や見解の相違が生じた場合は発注者つまり官が決めるとしていたりする。つまり、両者は契約上対等な関係ではなくて、とどのつまりは発注者である官が決定権をもっている関係だったのだ。

ということは、「要するに、土建請負契約は、対等な法主体者の間の規範関係のカテゴリーであるところの・『権利』『義務』によって構成されているのではなくして、上級者から下級者への下命と、上級者から下級者への・自由意思にもとづく恩恵的給付とを、その重要な構成要素としている」ということになるし、また、ここには「近代的な意味での権利義務・法律関係、すなわち、相対立する平等者の間の対抗的な関係が、存在しないことは明白である」のであって、「ただ、終局的な決定権をもつところの注文者たる官庁と、その一方的意思に服従するところの請負人、という上級下級の支配服従関係が存在するにすぎない」のである（『土建請負契約論』）。

もちろん、維新後まもなく、民法も商法もない時代に、近代的契約が成立していなかったのは、ある意味で当然のことであって、そのことを問題にしているのではない。ここで問題なのは、この請負契約関係が、単に前近代的な関係がまだ残っている状態によるものではなくて、新しい関係だという点にある。

それは、一方で前近代的な人格的依存関係——人間同士の感情や精神態度を基盤にして結ばれる社会関係——に基づきながら、他方で近代的な物象《ぶっしょう》的依存関係——商品交換のように目的や利害など客観的に計量可能な基準を媒介として結ばれる社会関係——でもあるという関係なのである。これは、近代的な関係のなかにまだ前近代的要素が残っている、というようなものではなかった。新しい独特の社会関係なのだ。

だから、前時代の残存物であれば、近代化が進めばなくなっていくものなのに、この関係は、社会の近代化が進んでも、形態が変わるだけで、ずっと存続してきたのである。

■「商品交換関係」と「人格的依存関係」

私は、高校生のとき、一方で不良相手の喧嘩三昧《けんかざんまい》の日々のかたわら、革命家になろうと思って、左翼の本を読みあさっていた。そのうち、マルクスの『資本論』が革命の教典であるということを聞いて、無謀にも読みはじめた。さっぱりわからなかったが、我慢して読んでいるうちに、ところどころ、なるほどと腑《ふ》に落ちる箇所にぶつかったりした。その一つが、次の一節だった。

貨幣を資本に転化するためには、貨幣所有者は自由な労働者を商品市場に見いださねばならぬのであって、ここに自由というのは、自由な人格として自分の労働力を自分の商品として処分するという、また他方では、売るべき他の商品をもたず、自分の労働力の実現に必要ないっさいの物象から引離されている・自由である・という、二重の意味においてである。［長谷部文雄《はせべふみお》訳］

「労働力の購買と販売」という節に、このように述べられていたのだ。これは、どういうことか。

資本主義が成立するためには、カネをもっている者が、そのカネで労働力を買って、それによって生産をすることが必要だ。労働力がカネで買えるためには、自由に労働力を売ることができるし、また売らなければ生きていけない、という労働者が大量にいなければならない。それをマルクスは、ここで「二重の意味で自由な労働者」と表現している。二重というのは、人格的に自由である、つまり人格的束縛から解き放されているという（積極的な）意味での自由と、何かしてカネを稼ごうと思っても、その手段をもっていないので、自分の労働力を売るしかないという（消極的な）意味での自由の二つが重なっているということである。

徳川時代の主要な生産者であった農民と、近代の主要な生産者になるはずの労働者とを例にとって見てみよう。徳川時代の農民は、特定の領主と特定の共同体に縛られていて、そこから自由に出ていくことはできなかった。酒井《さかい》の殿様はいやだから松平の殿様のところで年貢を納めたいと言ってもだめだし、この北国のムラはどうも寒くていやだから、南国のムラに行って働きたいと言ってもだめだった。その代わり、土地や生産手段を所有していなくても、藩やムラの人格的依存関係の中にいれば、束縛はされているけれど、働けるし食ってはいけた。「二重の意味で不自由」だけど、安泰であったともいえる。

ところが、近代になると、社会は人格的依存関係によって成り立つのではなくて、物象的依存関係、とりわけすべてを商品として交換し合う関係によって成り立つことになる。

それまでのような人格的依存関係に頼れなくして、労働力を含めてすべてを商品交換関係にしてしまわないと、資本がうまく回転せず、資本主義が発展しない。

ところが、このような人格的依存関係から物象的依存関係への全面的転換は、容易になしうるものではない。ヨーロッパでは、少なくとも一〇〇年はかかっている。そのまえに自然発生的に封建制が崩れていく過程を入れれば、もっともっとかかっている。それでも、純粋に物象的依存関係だけで成り立つ社会というのはできなかったのだ。

それを、まだ人格的依存関係が自然に崩れてきているわけではない日本で、外圧に押されているという理由から、一気に物象的依存関係への転換をやらなければならなかったわけである。これは、どう考えても無理である。そこで、人格的依存関係は基本的に解除していくけれど、まったく解体するわけではなく、物象的依存関係に適合する形で再編され、それと融合させられていったのである。

そのメカニズムがどのようなものであったのかは、このあと、談合に関連しながら、追々明らかにしていくことにしたいが、ともかく、日本の近代化は、ヨーロッパのように、二重の意味で自由な個人をつくりだし、それらの個人が契約自由の原則の下に平等に対抗しあうことを通じて、私的な自治の原則に基づく社会をつくっていくという方向には行かなかったのである。

だが、日本の近代化が、当初から、一人ひとりが私的利益を追求することを許して、それを促進したことは確かである。その意味では、前近代の身分制内部にあったムラのような自治的共同体は、そのものとしては解体されていったのだ。だが、同時に、それは自由な個の間の関係をつくりだすのではなくて、物象的依存関係に適合して私的利益を追求できる新しい形の人格的依存関係をつくりだす方向に行ったのである。

そこにおける物象的依存関係と新しい形の人格的依存関係との融合は、さっき見た「双務的関係」と「片務的関係」を融合させてしまう請負契約のマジックにあらわされているのである。そして、こうした社会関係こそが、談合をどうしてももたらさなければならなかったのだ。

福島県の農村に住んで地域経済史を研究していた岩本由輝《いわもとよしてる》は、次のようにのべている（「ムラの談合」、『現代の世相6　談合と贈与』小学館）。

ムラが共同体でなくなったのは最近のことではなく……近代に持ちこまれた一見、共同体らしくみえるものは、〝個〟の自立はなくとも〝私〟や〝我〟だけが異常に発達した状況のもとで生まれた利害にもとづき離合集散が可能な組織にほかならなかった。今日、ムラの解体などといって憂《うれ》えられているものは、しょせんは近代になって創出された部落や十五年戦争期につくり出された隣組《となりぐみ》の解体なのであり、現代におけるムラの談合は要するにこのようなムラでの談合なのである。

近代の談合文化は、ここをふまえて考えていかなければならない。

7　近代法とともに談合が生まれた理由《わけ》

■「払い下げ」で出来た日本の資本主義

「日本資本主義は官製資本主義である」「官製資本主義が談合を生んだ」と書いたが、その官製資本主義が出来上がっていく過程、そこから近代談合文化が生まれていく過程を一気に進めたのが、官業払い下げであった。殖産興業を進めていくうえでは、まずは政府が直接の担《にな》い手となって、西洋の技術を取り入れ、官営事業を興して産業化を進めていくしかなかった。それを具体化したのが、工部省が中心になった官営開発、官営工場の展開であった。先進列強諸国に追いつくためには、まずはそれでいくしかなかったわけだが、官営の事業がいくら興っても、それだけではだめで、民間に企業が興り、産業資本が確立して、自前でやっていけるようにならなければ、殖産興業は発展しない。

そこで、民間企業をなんとかして興して、それを育成しようというのが、大久保利通《おおくぼとしみち》を中心とする内務《ないむ》省官僚の戦略だった。内務省は、工部省とは別に、比較的小規模で民間が企業化しやすい紡績・製糸・毛織物など軽工業の模範工場をつくった。そして、そこで実用化した製造技術と経営ノウハウを民間に移転して、民間企業を興そうとしたのである。ところが、これはうまくいかなかった。民間企業はなかなか興らなかったのだ。

維新後間もない当時、投資できる資本を持っていたのは、徳川時代以来の商人と秩禄《ちつろく》処分で金禄公債《きんろくこうさい》（徳川期以来の武士の禄を廃止した代わりに一時金として配った金券）を手にした士族だったが、これらが産業資本を形成するのはまだ無理だった。そこまでは下からの資本主義の動きは高まっていなかったのである。

当時のカネで総額一億七千万円もの金禄公債は、いわゆる「士族の商法」の失敗で消えていった。下から企業が澎湃《ほうはい》と自生的に生まれてくるのは、一八八六〜八九年（明治一九〜二二年）のいわゆる企業勃興期を待たなければならなかったのである。

政府みずからが生産技術、経営ノウハウを開発して、それを民間に移転しようにも、下から企業が興ってこないのではしかたがない。そこで採られた方策が、政府による民間企業の育成だった。そのモデルになったのが、大久保が中心になって、一八七五年（明治八年）におこなわれた近代海運業創設であった。

近代産業の要請に応える海運業をどのように創るかをめぐっては、民営企業にまかせる方向と国営でおこなう方向の二つがあったが、大久保は、どちらも採らず、第三の道として、政府が中心になって外国海運会社と五分《ごぶ》以上の競争のできる民間海運企業を育成しようという路線を採った。育成する対象になったのは、土佐の岩崎弥太郎《いわさきやたろう》の三菱《みつびし》汽船会社だった。具体的には、三菱に対して、政府が持っていた船舶を無償で払い下げ、毎年助成金を支給して、政府の郵便輸送などを請け負わせるというものだった。これは成功して、三菱は国内沿岸航路を制し、東アジア航路でも一定のシェアを占めるようになった。

こうした成功をふまえて、官営事業民間払い下げが断行された。一八八〇年（明治一三年）に工場払下概則《がいそく》が制定され、政府経営の官営企業の大部分を安い価格のうえ年賦《ねんぷ》形式で民間に払い下げることにしたのである。払い下げ先の多くは、三井《みつい》、三菱、川崎《かわさき》などの政商（藩閥《はんばつ》政府と特殊な利権関係を持っていた商人）で、彼らはこれを基礎としてやがて財閥を形成していくことになる。そして、この官業払い下げを契機に、日本にも産業資本が本格的に形成されていくことになった。その意味では、日本資本主義は払い下げ資本主義として出発したのである。

■「払い下げ資本主義」の矛盾

この払い下げ資本主義は矛盾をはらんでいた。一方で、民間の活力が下から生き生きと働いてこないと資本主義が発展しないが、他方で、政府が上から育成しないと活力自体が湧《わ》いてこない、という矛盾である。

この矛盾は経済制度だけの問題ではなかった。近代社会制度を日本にどうつくっていくかという問題全体に関わるものだった。そして、それを集中的に表現していたのが、経済制度よりも、むしろ政治制度をめぐる路線対立であった。政治の部面《ぶめん》でも、民の活力を下から盛り上げていこうという「民権」路線と、天皇を戴《いただ》いたエリートの上からの指導で民を成熟させていこうという「君権」路線が対立していたのである。そして、その二つの路線対立を媒介した第三の道として、「君民両権」路線が形成されていった。そこのところを、要約すると、次のようになる（大窪一志《おおくぼかずし》『「新しい中世」の始まりと日本』花伝社）。

日本の近代国家形成にあたっては、政府部内に三つの潮流、三つの路線があった。

一つは、絶対主義的有司《ゆうし》（エリート官僚）専制による「君権」路線である。

これは、黒田清隆《くろだきよたか》ら薩摩系参議が唱えたもので、彼らの主張の背景には、人民の政治的未成熟のもとでは、民選議会の設立を通じて人民を政治に参加させたりすることはかえって混乱を招くだけであって、まずは開発独裁によって急速な近代化を進め、そののちに政治的成熟を待って参加を考えるのが至当だとする認識があった。

もう一つは、近代的立憲君主制による「民権」路線である。

これは、政府内では大隈重信《おおくましげのぶ》の立場だったが、そのバックには在野の自由民権運動があった。有司専制派がいうようなかたちは、早道のように見えて、かえって近代化をなしえないやりかたであって、何よりもまず人民を政治的に成長させないと近代化はできない、と主張した彼らは、英国流の議会君主制（議会が主で君主はそれを追認する体制）の確立を志向した。

第三が、絶対主義の立憲的修正による「君民両権」路線であった。

これは、伊藤博文《いとうひろぶみ》ら長州《ちょうしゅう》系参議がとった路線で、そのもとでテクノクラートとして井上毅《いのうえこわし》がプランニングにあたっていた。彼らは、「君権」路線、「民権」路線それぞれの根拠を理解していたが、国民統合のためには天皇中心の体制であることが絶対必要であること、しかし、まだ権力基盤が弱いから、人民との対立を惹起することは避けなければならないこと、を根拠に、「絶対主義的天皇制にできるかぎり立憲的要素を入れる」という妥協路線をとったのである。

この対立が、経済制度においてもあらわれ、官業払い下げにからんでくる。

官業払い下げというのは、基本的に上からの育成政策であって君権派の路線に乗ったもので、下からの成長政策を採る民権派とは対立する。実際、官業払い下げの一環であった北海道開拓使官有物払い下げをおこなったのは君権派の開拓使長官・黒田清隆だったが、これに民権派の大隈重信は強く反対し、この払い下げが黒田と同じ薩摩の政商・五代友厚《ごだいともあつ》と癒着した不正なものだという暴露も加わって、払い下げ問題が政争に発展した。

この政争は、君民両権派の伊藤博文が、君権派・民権派相撃ちを図って、開拓使官有物払い下げを中止させる一方で、国会開設の約束をもって大隈を抑えて辞任させ、一気に主導権をにぎるという急展開を見せた。これがいわゆる「明治一四年政変」であった。

以後、政府は、君民両権路線で突っ走り、一八八九年（明治二二年）に大日本帝国憲法発布・皇室典範制定、翌一八九〇年（明治二三年）には国会開設、教育勅語《ちょくご》発布がおこなわれて、君民両権による近代国家が成立していくわけである。

この君民両権路線が経済制度に適用されると、「官民両権」路線となる。つまり、政府官僚主導による民間活力開発が制度化されていくのだ（さっき君権・民権といったときの「権」は、国家の政治的権力のことで、天皇主権・国民主権［ないし人民主権］を指すが、ここで官権・民権というときの「権」は、経済社会における社会的権力のことで、官僚の社会的権力と企業の社会的権力を指している）。そして、この「官による民活」が、やがて談合を生み出していくのである。談合文化の背景には、こうした「官民両権」路線、「官による民活」

路線があったのだ。

■官の肝いりでつくられた巨大《スーパー》ゼネコン

土木建設業界における「官民両権」路線、「官による民活」路線は、日本土木会社の設立となってあらわれる。発端は、佐世保鎮守府《させぼちんじゅふ》の工事で、当時の大手土建屋の藤田《ふじた》組と大倉《おおくら》組が日本最初のジョイントベンチャーを組んだことにあった。

藤田組を興した藤田伝三郎《でんざぶろう》は、長州の萩《はぎ》出身で、醸造業のかたわら藩の下級武士に融資をおこなう掛屋《かけや》を営んでいたが、幕末の動乱期に奇兵隊《きへいたい》に参加、そのときのコネで木戸孝允《きどたかよし》、井上馨《いのうえかおる》、山県有朋《やまがたありとも》らに食い込んで政商となった人物。一方の大倉組を興した大倉喜八郎《きはちろう》はといえば、安政《あんせい》年間に乾物店を創業し、幕末の戊辰《ぼしん》戦争で軍需品の供給を通じて巨万の富を築いた「死の商人」の典型とされる人物。いずれも、明治政権中枢と強いコネクションを持っていた。

維新直後に横浜などを舞台に擡頭してきた請負業者は、鹿島組の鹿島岩吉、清水組の初代・二代目の清水喜助のように、徳川時代に幕府や藩出入りの大工などの職人で、時代の空気を察知して欧米の建築手法をいち早く消化し、その技術をもって新しい型の事業を興した人間たちであった。これらの人たちは、いまの言葉でいえば、職人系のアントレプレナー、技術型のベンチャーだったといえる。

それに対して、藤田組の藤田伝三郎、大倉組の大倉喜八郎のような、このとき擡頭してきた請負業者は、もともと徳川時代には商人で、維新前後に新政権に食い込んで利権を獲得して、エスタブリッシュメント内部のネットワークを活用して新事業を興した人間たちである。いわば、商人系の事業家、営業型の新事業で、政界との結びつきが強く、彼ら自身が政商と呼ばれたり、政商とつながっていたりした。この職人系・技術型と商人系・営業型の違いは、その後の展開でも意味を持ってくる。

藤田組と大倉組はライバルで、大きな工事ではつねに受注をめぐって激しく争っていた。それを、これも政商の久原庄三郎《くはらしょうざぶろう》（藤田伝三郎の兄）が調停して、両社共同受注に持ち込んだわけだったのだが、その裏には政府官僚側の土建民活構想があったのだ。

『日本土木史』（土木学会）によれば、政府側には「政府関係の建設工事を設計監理から施工にいたるまでいっさいを委託して、従来は政府が直接手を下してきたこれらの業務の合理化を図ろう」という意向があった。それが、このジョイントベンチャーをきっかけに、一大総合土木請負業、つまりはスーパーゼネコンを成立させる方向に動いたのだ。こうした政府の意向を汲んで、藤田組と大倉組の間を斡旋《あっせん》したのは、元大蔵官僚で実業界を指導する形になっていた渋沢栄一《しぶさわえいいち》だった。渋沢は、大蔵大丞《おおくらたいじょう》退官後、数百の企業の設立

渋沢栄一が設立に関わった「有限責任日本土木会社」は、日本銀行（上の錦絵）や帝国ホテルの建築をはじめ、碓氷トンネル、琵琶湖疎水など、明治政府特注の工事を数多く手がけた。「官」が生んだ巨大ゼネコンである。

と運営に当たったといわれるが、すべて基本的に時の国家的政策に沿うものだった。このときも、もちろんそうであったろう。

一八八七年（明治二〇年）、藤田伝三郎、大倉喜八郎、渋沢栄一の三人を発起人にして、有限責任日本土木会社が設立された。実体としては藤田組と大倉組の土木部門を合併したもので、工部大学校卒業生など高等教育を受けた土木・建築技師たちを多数抱え、工事を効率的に施工するための各種のマニュアルを整備するなど、総合建設会社の体制を整えていた。資本金は当時のカネで二〇〇万円、いまでいえば四〇〇〇億円は下らない巨大企業である。資本力、技術力ともに群を抜いた巨大ゼネコンが誕生したのである。

日本土木会社は、帝国ホテル、東京電灯（東京電力の前身）、日本銀行、歌舞伎座などの建築、碓氷《うすい》トンネル、琵琶湖疎水《びわこそすい》（日本初の水力発電所につながる）などの工事と、数多くの政府の特注をこなした。軍港や師団・鎮守府の建物など軍の用命にも応えている。政府にとって非常に使い勝手のいいゼネコンであったにちがいない。

その際の契約方式は、競争入札制ではなく、特命随意契約制だった。特命随意契約制とは、前章で述べたように、特命を受けた指定業者の見積もりによる独占的な受注であった。大倉土木にいた西田真一郎《にしだしんいちろう》は、特定の工事だけではなくて一般に全部特命受注だったと証言している（『日本土木建設業史』所収の座談会）。また、同じ座談会で西田は、「政府の役人が次々にやめて、どんどん日本土木に入ってきた」ともいっている。

すべて特命受注で大量の天下り。これは、「官による民活」の域を超えて、「私有公営」ないし「民有国営」の域に近いものだったのではないか。所有は民間の私有だけれども、経営は私ではなく公の立場に立ち、国家のコントロールのもとにおこなっていくという形である。のちに昭和の戦時経済のなかで、逓信《ていしん》省出身の奥村喜和男《おくむらきわお》の電力国家管理案をきっかけに「民有国営」論が擡頭するが、その雛形《ひながた》は、すでにここにあったともいえる。

しかも、この会社の設立過程を見ると、さっきも触れたように、官が裏にいて糸を引いて、政商が談合してつくったという観が強い。入札談合以前の話だし、狭い意味での談合ではないけれど、一種の官製談合のパターンを踏んでいる。日本最初のスーパーゼネコン・日本土木会社は、官製談合企業だったともいえるのではないか。

このように見てくると、これは「官民両権」路線の一方の極、官権寄りの極だったといっていい。これだと確かに官主導で民間企業が育つ。だが、それは官の紐付きで独占的な巨大企業になって競争を阻害し、君権の方向すなわち絶対主義支配を発展させるが、民権の方向すなわち自由な資本主義はうまく発展しない。「官民両権」路線の官権方向へのぶれである。だから、民権方向への揺り返しが起こる。こうした振り子の揺れは、この後もずっと近代日本社会につきまとってくるもので、最初の大きな振れが、このときである。

その揺り返しの一つのあらわれとして、日本土木会社が発展している最中に、それとは別のラインに沿って、大蔵省は会社会計法規の整備を急いでおり、それにともなって請負制度も法的に整備されようとしていた。

維新以後の請負制度を見ると、工部省製作寮建築局から一八七四年（明治七年）に入札規則が、翌年には入札定則《ていそく》が出されている。これは建築工事請負の入札手続を決めたものである。鉄道工事では、一八八〇年（明治一三年）着工の敦賀《つるが》―長浜《ながはま》間の敦賀線工事に「土工仕様書並びに請負人心得書」が作られている。だが、これらは、前近代の請負制度を受け継いだもので、契約当事者の権利・義務を明確にして近代的契約関係として規定されたものではない。日本にはまだ民法もなければ商法もなく、ましてや会計法などなかったのである。

こうした状態では、危なっかしくて投資も資本運用も進まない。そこで、大蔵・司法官僚を中心に法制度の整備が進められていたのだが、民法制定のアドバイザーになっていたのは、フランス人の御雇い外国人ボアソナードで、フランス法が手本になっていたから、基本的に天賦人権論に基づいており、民権寄りの基調になっていた。そのため、特に民法典については、穂積八束《ほづみやつか》の「民法出《い》でて忠孝滅ぶ」といった君権寄りの異論が激しく主張されて紛糾していた。

そこで日本の慣習法を織り込んで修正がなされていったのだが、しかし、民権寄りの基調は崩れない。だから、このラインでの民法・会計法制定は、日本土木会社のように官権の方向に振れていた路線に対する民権派からのカウンターパンチになった。特に会計法制定に当たっては、北海道開拓使官有物払い下げ事件の際に見られたような、官民の閉鎖的な関係、癒着、不正を防ごうという問題意識が強く働いていたことは確かである。

■自由競争と官僚統制、そのハイブリッド

一八八九年（明治二二年）、会計法が公布された。請負契約のようなものは、本来、民法の規定に基づいて定められるべきものだが、民法典論争によって民法の制定が遅れたこと

もあって、政府が発注する工事契約の定めのほうが民法より一歩先に、この会計法で施行されることになったわけである。

請負というものが正式に法律に規定されたのは一八九六年（明治二九年）制定の民法六三二条においてである。これによると、「請負ハ当事者ノ一方カ或《あるいは》仕事ヲ完成スルコトヲ約シ相手方カ其《その》仕事ノ結果ニ対シテ之《これ》ニ報酬ヲ与フルコトヲ約スルニ因《よ》リテソノ効果ヲ生《な》ス」とあり、当事者の一方である請負人が仕事を完成することを約束し、注文者がその仕事の結果に対して報酬を払うことを約束することにより成立する。会計法の考え方も、これに沿ったものであった。

会計法に基づく会計規則においては、契約当事者の資格、保証金、競争契約の方法とその手続、契約書の作成についての手続が決められた。これは政府が発注する工事をめぐる規定であったが、ここに初めて契約方式の原型ができたわけで、関係機関もこれにならってそれぞれの工事請負契約規定を定めていく。このように契約自由の原則の下に、発注側・受注側が対等平等に対抗しあう双務的な関係に形式上はなったわけである。

これは、確かに形式上は大きな変化である。ところが、形式は契約自由でも実際の契約の中身は、前にも述べたように、発注側を上級者とし受注側を下級者とする上下関係のもとに、上から下に下命し、下は恩恵として給付を受けるという関係になっていたのである。要するに、官の御仕事をやらせていただくという関係は依然として続き、官僚統制体制は厳然として揺るがなかったのである。

しかし、その一方で、この法律によって、政府との契約は法律や勅令で定めるほかはすべて公告（国家・公共団体が公文書によって一般公衆に知らせること）をおこなって競争に付すという一般競争入札を原則とされることになったのだ。同法第二四条には、「法律勅命ヲ以《もっ》テ定メタル場合ノ外《ほか》政府ノ工事又ハ物件ノ売買貸借ハ総《すべ》テ公告シテ競争ニ付スヘシ」と定められている。例外としては随意契約によることができるとしたが、原則としては自由競争である。東京市でも同年七月に工事入札請負規則というものを制定した。どんな業者でも公告に応じて受注に参加することができる自由競争が保障されたのである。

自由競争でありながら、官僚統制が体制的に支配している――いわば自由競争と官僚統制のハイブリッドが出来上がったわけである。そして、ここに、先に見た払い下げ資本主義の矛盾は新しい形態をとるようになったのである。どのような新しい形態か。

これによって、日本土木会社の場合のような特命方式は原則的に否定されたわけである。彼らも同じように一般競争入札に参加して落札しなければならなくなった。会計法が施行された一八九〇年（明治二三年）以降、日本土木などはそれなりの競争力を持っていたはずなのに、この競争を勝ち抜けず、受注を確保できなくなって、一八九三年（明治二六年）には、ついに解散に追い込まれた。雇用した高学歴技術者が高給で人件費コストがかさみすぎたということもあったらしいが、経済学者の武田晴人《たけだはるひと》がいうように、「時代は特権的な政商たちが、政府とのつながりを頼りにビジネスチャンスを独占することを許さなくなっていた」（『談合の経済学』集英社文庫）ということであろうか。

時代の趨勢《すうせい》といっても、民主化が進んだとか、進歩したとかいうことではなく、風向きが変わったということだろう。資本主義形成、経済開発における「官民両権」路線において、五年前にあらわれた官権寄りの大きな振れが、いったん日本土木会社のような官製談合スーパーゼネコンを生み出し、その行き過ぎが、今度は民権寄りの振れを生み出して、これを解散させ、一般競争入札方式が生まれた、という関係だったろうと思われる。さっきもいったように、「官民両権」路線を基本にしながら、官民両側に揺れてきたのである。

ただ、この民権寄りの振れによって、藤田・大倉のような商人系・営業型企業だけでなく、職人系・技術型企業が政府の工事にカムバックしてくるとともに、エンタプライズシップに満ちた新規参入組が続々とあらわれたことが注目される。

その典型が大林芳五郎《おおばやしよしごろう》の大林組だった。大林芳五郎は、大阪の呉服商から転じて、遷都にともなう皇居造営を請け負っていた宮内省出入りの建設業者・砂崎庄次郎《すなざきしょうじろう》の配下に入って、ここで学んだ西洋式土木建築の将来性に着目し、土建請負業として自立した人物だったが、落札競争に果敢に挑んで注目された。

このように、官僚統制を前提にしながらも、下からのエンタプライズシップを助長する民権寄りの風を吹かせたことが、土建業のみならず、前に触れた企業勃興期の民間企業設立ブームを現出させたのである。そして、これが紡績・製糸をさきがけとする企業勃興から、日清《にっしん》・日露《にちろ》戦争にからんだ軍事工業、製鉄業、鉱山業の勃興につながっていき、日本の産業革命が展開されていった。

そして、われわれの主題と関連して重要なことは、こうして経済分野でも近代市民法が整備され、自由競争の法的基盤ができたとたんに、狭い意味での談合、すなわち競争入札をめぐる入札談合が発生したという点である。「官民両権」路線の振り子が官権寄りに振れたことが、日本土木会社という上からの肝いりの官製談合を生み出し、それに対する揺り戻しとしての民権寄りの振れは、入札談合という下からの結束による民間談合を生み出した、という形である。日本社会においては、近代法は、談合を生まずにはいられなかったのだ。このように、フォーマルな近代法の成立とインフォーマルな談合の発生が同時だったことが、近代日本社会のありかたがどういうものであったのかを示唆している。

■「輪になった」土建屋たち

日本土木会社という官製一大スーパーゼネコンをやめて、官そのものがゼネコン機能を果たして、下請中小土建企業を使いまわすというのが、会計法制定後の新しい形態である。ここで群小企業が、官の思うがままに競争させられ、使いまわされれば、思う壺《つぼ》である。ここは、ばらばらに抵抗するより、結束しなければならない。

そこで、群小土建企業は「輪になった」のである。入札談合という機能的な対応以前に、「輪になる」という共同化の対応があったのだ。そこから、談合のことを最初は「輪になる」と表現したのである。そういう共同結束の行為から生まれたものとして入札談合を見なければならない。

実際、談合以前に、土建屋たちは、すぐに結束している。業界の記録によると、東京地区では、一八八四年（明治一七年）に業者間の連絡調整のため土工組合が親方の組合として誕生していたが、これが、会計法が公布された一八八九年には一五区六郡東京土工組合に発展し、組合員数は五〇〇人に達した。そして、建築業者とも結合して、土木建築実業組合（組合員数九〇〇人）に発展している。大阪でも、のちに大阪土木建築業組合が府知事の公認団体として設立され、組合員数四〇〇を数えている。

まだ談合罪に当たるものは法律に定められていなかったし、のちの独禁法のような競争阻害行為の禁止規定もなかったから、談合は、それ自体が法律違反だったわけではない。当時の談合についての記録はないようなのでよくわからないが、関係者の話では、少なくとも一八九〇年代の末には盛んにおこなわれていたようである。当時の状況のもとでいきなり一般競争入札の自由競争を強《し》いられた業者は、ある程度結束しなければ共倒れになる危険に直面していたのである。一般競争入札は、業者の側にそうした過酷な競争を強いたと同時に、発注者にとっても重荷で、両面から見直された結果、指名競争入札制度が案出され、のち一九〇〇年（明治三三年）に勅令二八〇号の公布により導入されている。

そういう状況のもとでの談合は、同一業者が共同結束して、おたがいの競争を抑制して、共存共栄を図ろうというものであるかぎり、自然で正当な行為であり、むしろ団結の美風のあらわれであるとさえいえる。

こうした業者団体と入札談合が、自由競争が定められてすぐにあらわれたというのは、それだけ土建業者が弱かったためなのである。

どう弱かったか。企業そのものの弱さもさることながら、発注者の官と比較した相対的な力関係が圧倒的に弱いという面が大きかった。これまで自由競争について「官僚統制を前提にしながら」ということをくどいほどくりかえしてきたのは、近代化が始まって以来日本の産業界を支配してきた官尊民卑の構造——つまりは対等な場であるはずの経済社会における国家を背景にした官僚の社会的権力の強さ——を抜きにしては、日本資本主義を、また日本近代社会をとらえることはできないからである。

なかでも土建業においては、業者に対する蔑視《べっし》は著《いちじる》しいものがあった。これよりもっと後の明治末から大正のころの体験談だが、こんな話がある。

「日露戦争の時には請負人［軍とともに動いた土建請負業者］というものは軍人、軍属、兵馬の後ろで、何かいちばん終りに軍夫か請負人ということが書いてあった」「馬より下か(笑)」

「赤坂《あかさか》の『幸楽《こうらく》』という大きな料理屋がありましたが、そこで新年宴会があったのです。……そこのおかみに『おかみ、大変忙しいようだね』といったところが『ええ、おかげさまで上は総理大臣から下は請負人に至るまで』(笑)といわれたので……二の句がつげんでだまっちゃった」

といった状態だったという(前掲『日本土木建設業史』所収の座談会より)。

だから、官僚に対しては、卑屈なまでの恭順の態度をとらなければならなかった。同じ座談会で、戦前に鉄道工業常務だった飯田清太《いいだせいた》は、こう語っている。

「わたしどもは明治の末頃お役所へあいさつに行くんでも、遠くから、こうやって(顔を伏せる格好して)行ったものだ(笑)。［そうしないと］『請負人が生意気なのか』それとも

『うちの局長や所長が弱いのか』というように［役人が］ささやいたもんですよ。それほど甲乙関係［契約上対等であるべき契約当事者同士］が、段がついておった」

だが、そういうふうに「ご無理ごもっとも」の態度をとりながらも、実は面従腹背《めんじゅうふくはい》だったのが、当時の土建業者だった。間組《はざまぐみ》の木内嘉四郎《きうちかしろう》は、こういう。

「御無理でも『はい、さようでございます』ということだったんですね」「返事だけはして実行はしないんですよ（笑）。それが多かったな（笑）。何をいわれても反抗しないで『へえーへえー』あとで舌出しておればそれですむ（笑）」

中国の諺《ことわざ》に「上に政策あれば下に対策あり」というのがある。上とは権力・官僚であり、下とは人民・民衆である。歴代中華帝国から現代共産党帝国にいたるまで、中国民衆は、帝国権力と科挙《かきょ》官僚（現代では党官僚）が下ろしてくる「政策」に対して、反抗するのではなく、恭順しながら、それを換骨奪胎《かんこつだったい》する「対策」を講じてきたのである。日本の民は、中国の民に比べれば、ずっとたくましさに欠け、はるかにお人好しではあったが、それでも、上の「政策」に対して、それなりの「対策」をおこなってきた。近代の土建屋の談合もその一つなのである。

官が強すぎるので、表だった抵抗をしても負けるだけだ。近代法が出来て、対等の契約関係で事が運ばれるなんていったって、実際にはそれで行くはずがない。行けないことは、おれたち自身がわかっている。官の下命を拝して、恩恵をいただくという関係に甘んじるしかない。だが、そのままでは使いまわされるだけだ。だから、官主導の業界秩序に順応し恭順しながらも、それを換骨奪胎して自衛抵抗のラインをはりめぐらせ、みずからの利益の確保を図っていかなければならない。

これが土建屋たちのホンネだったろう。

こうして、自由競争と官僚統制のハイブリッド経済制度の下で、順応恭順と自衛抵抗を表裏一体とした企業文化が成り立っていったのである。

8 官僚文化と土建文化の接点で

■「日本の政府は太政官《だじょうかん》である」の意味

『翔《と》ぶが如《ごと》く』で明治初年代の西郷隆盛《さいごうたかもり》と大久保利通を描いて明治国家の原点を確かめようとした司馬遼太郎《しばりょうたろう》は、この小説の後書き「書きおえて」で、「日本の政府は太政官《だじょうかん》である」という卓見《たっけん》を披瀝《ひれき》している。そこで司馬は、中央官庁で長く技官として働いてきた技術官僚と、別の国土開発関係の中央官僚の二人と話したことをもとに、次のように書いているのだ。

そのひと［中央官庁で長く技官を務めた人］が、不意に杯《さかずき》を置いて、「日本の政府は結局太政官ですね。本質は太政官からすこしも変わっていません」と、いった。……［また、別の中央官庁の官僚が］「私ども役人は、明治政府が遺《のこ》した物と考え方を守ってゆく立場です」という意味のことをいわれた。私は、日本の政府について薄ぼんやりした考え方しか持っていない。そういう油断の横面《よこつら》を不意になぐられたような気がした。……よく考えてみると、敗戦でつぶされたのは陸海軍の諸機構と内務省だけであった。追われた官吏たちも軍人だけで、内務省官吏は官にのこり、他の省はことごとく残された。機構の思想も、官僚としての意識も、当然ながら残った。太政官からすこしも変わっていません、というのは、おどろくに値《あたい》しないほど平凡な事実なのである。

太政官とは何か。七世紀に律令《りつりょう》国家を創設するときに、中国から移入された官制の最高機関である。太政大臣《だいじょうだいじん》、左右大臣・大納言《だいなごん》以下から成り、八省以下を統轄し政務を処理した。明治維新政府は王政復古《おうせいふっこ》の大号令の下、「復古こそが開化である」として、この古代官制を復活させた。一八六八年（慶応《けいおう》四年）閏《うるう》四月に設置された太政官は、まさに古代官制にもどる形で、天皇に直接責任を持ち、立法・行政・司法を統轄する最高官庁であった。司馬は、これが現在に至るまで日本政府の本質をなしている、というのである。

そういえば、麻生太郎前総理は、所信表明演説で「わたくし麻生太郎、この度《たび》、国権の最高機関による指名、かしこくも、御名御璽《ぎょめいぎょじ》をいただき、第九二代内閣総理大臣に就任いたしました」とのべた。これなど、さしずめ、祖父・吉田茂《よしだしげる》の口吻《こうふん》を継いで「臣《しん》麻生太郎」といい出しかねない「太政官」意識ということになるだろう。だが、司馬がいっているのは、そういう意識の問題だけではなくて、実体として日本政府は一貫して太政官みたいなものであるということなのだ。どういうことか。具体的に見てみよう。

太政官は「天皇の官吏」であり、直接天皇とつながっている最高の臣であることを通じて、実質的な権力を一元的に集中することができた。「天皇の官吏」であったのは、太政官だけではなく、大日本帝国憲法では第一〇条に「天皇ハ行政各部ノ官制及《および》文武官ノ俸給ヲ定メ及文武官ヲ任命ス」と定められ、それに基づく官吏服務規律第一条には「凡《およ》ソ官吏ハ天皇陛下及天皇陛下ノ政府ニ対シ忠順勤勉ヲ主トシ……其《その》職務ヲ尽《つく》スヘシ」と規定されており、官吏の身分は天皇によりあたえられ、その身分に伴う忠実無定量の服務義務を持つものであった。太政官制の下においてだけでなく、大日本帝国憲法の下では、ずっとそうだったのである。

また、太政官制においては、そうした天皇に直結する一元的な権力として、政治家と官僚が融合し、政治と行政が一体化されていたのが特徴である。太政官参議となった西郷隆盛、大久保利通、木戸孝允は、これによって、維新の革命的政治家でありながら新政府の行政のトップであるという地位を確保したわけである。

やがて、近代的政治制度・行政制度の確立のために、太政官制は制度としては廃止され、内閣制度が創設されていくが、制度は変わっても、太政官制の本質は受け継がれた。内閣は、個々の大臣が天皇に直接責任を持つ「単独輔弼《ほひつ》責任制」を採り、天皇の官吏たる性格を保存した。この単独輔弼責任制は、各省のセクショナリズムを生むことになり、戦後に議院内閣制と内閣連帯責任制が確立されても、なかなか克服されないまま現在に至っているわけだ。だが、にもかかわらず、それまでの間ずっと、政治と行政の一体化、相互依存関係は維持されてきたのである。それは、内閣・行政トップの中に一種のインナーキャビネット・政府内政府が組織されたことによるものだった。それが内務省であった。

■特別な省としての内務省

内務省は大久保利通がみずから初代内務卿《きょう》となって辣腕《らつわん》をふるった時期に典型的なように、ほかの官庁とは性格を異にする特別な省だった。現在の総務省（旧自治省）、警察庁、厚生労働省（旧厚生省・労働省）、国土交通省（旧建設省・運輸省）の機能は、基本的に内務省が管轄していたのである。つまり、行政警察権、地方行政権をすべて掌握したうえで、産業政策まで管轄に入れていたのだ。この内務省権力を使って、大久保が殖産興業政策をどう展開し、官主導で資本主義を形成していったかは、前に見たとおりである。ほかの官庁が「省益あって国益なし」といわれるセクショナリズムに陥《おちい》っていったなかで、内務省のみは国益を優先する官庁と評されていたのも理由のないことではなかった。

内務省に典型的に見られる政治と行政の一体化は、大久保利通のような「維新官僚」と呼ばれる革命的政治家が主導していたころには、政治の優位の下に統一されていたのだが、やがて「政策官僚」や「事務官僚」と呼ばれる能吏が実権を持つようになってくると、逆に行政の優位の下での統一に変質していき、日本は官僚国家になっていくのである。

内務省は、一九四七年（昭和二二年）にGHQによって解体された。しかし、そこで太政官の伝統が途絶えたかというと、そうではない。司馬遼太郎がいっているように「機構の思想も、官僚としての意識も」残ったし、人的な系譜も絶えなかった。それだけではなく、実体的な核も残ったのである。その核は、いまも続いている。

たとえば、「事務次官等会議」というものがある。毎週、閣議の前日である月曜日と木曜日に開かれ、ここで調整のつかなかった案件は、大臣がいくらがんばっても閣議には上程されない。もちろん事前に根回しがおこなわれた末の会議だから、事務次官自体にそれだけの権力があるわけではない。だが、この会議は事実上政府の意思決定の方向性を定める機関になっているといえる。

この事務次官等会議をとりしきり、事前の根回しをおこなうのが事務担当の内閣官房副

左から西郷隆盛、大久保利通、木戸孝允。下級武士から権力を握った彼らは天皇と直結し、政治と行政を一体化させた。近代日本の官僚制が、ここから出発する。

長官である。だから、事務担当官房副長官というのは、官僚国家日本における官僚の総意を集約して政治を動かす影のキーマンなのである。マスコミで「政府筋」として報道されるのは、通例、この官房副長官のことを指している。そして、ここで注目しておかなければならない大事なことは、このような重大な役割を持つ歴代の官房副長官には、旧内務省出身の事務次官級経験者が就任するのが不文律となってきたということなのだ。

歴代官房副長官のリストで出身官庁を見れば、それは一目瞭然である。前の麻生内閣の官房副長官は漆間《うるま》巌《いわお》で元警察庁長官だった。歴代の官房副長官のなかで特に辣腕をふるったのが、岸信介内閣の鈴木《すずき》俊一《しゅんいち》（内務省・自治省出身、のち東京都知事）と田中角栄内閣の後藤田《ごとうだ》正晴《まさはる》（警察庁出身、のち官房長官、法務大臣など）であった。内務省解体後も、政府の意思決定の要《かなめ》は、内務官僚の伝統がになってきたのだ。

　このように見てくると、「日本の政府は結局太政官ですね。本質は太政官からすこしも変わっていません」「私ども役人は、明治政府が遺した物と考え方を守ってゆく立場です」という言葉の意味がわかってこようというものではないか。これは、政治学や行政法の専門家の一部も認めていることで、例えば、利光三津夫《りこうみつお》・笠原英彦《かさはらひでひこ》『日本の官僚制　その源流と思想』（PHP研究所）は、「日本官僚制の源流は太政官制という制度にあった。……太政官制が後世に遺したものは、政治と行政との安易な相互依存関係である。それは、政治家の官僚への依存度を高め、行政の肥大化を促進した」とのべている。そして、これによって「政官の関係や官民の関係は固定化し、そこに相互依存体質が生まれ……官僚制の弊害がもはや体質と化し、制度改革のみでは解決できない文化的側面を併《あわ》せもつに至った」（傍点引用者）と断じている。

　日本の官僚文化の淵源は太政官にある。このようにして定着した官僚国家日本の官僚文化は、ヨーロッパ近代国民国家が形成した官僚制の文化とは大きく異なっているように思われる。そして、それが談合文化とも関連しているのである。

■日本官僚制の「二重性」とは

官僚制研究といえば、まず思い浮かぶのは、マックス・ヴェーバーである。ヴェーバーは、このへんのところをどう見ていたのだろうか。ヴェーバーは、「支配の社会学」や「新秩序ドイツの議会と政府」（いずれも世界の大思想『ウェーバー 政治・社会論集』河出書房新社所収）などの論文のなかで、官僚制を「家産《かさん》官僚制」と「依法《いほう》官僚制」とに区別して考えている。いろいろ詳しく書いているのだが、面倒くさいので青山秀夫《あおやまひでお》『マックス・ウェーバーの社会理論』（岩波書店）をアンチョコにして、その区別のポイントを列挙してみると、次のようになる。

「依法官僚制」というのは、ヴェーバーのいう支配の類型――カリスマ的支配・伝統的支配・合法的支配――では「合法的支配」に対応するもので、個人の勝手な考えをすべて排除して法律に従って行動する官僚制度である。その特徴は、「機械のような秩序の実現」「機能的分業の原理」「身分と無関係な純粋な機能分担」「専門的な教育と訓練による管理」「形式主義的性格」「人的管理機構が物的経営手段より完全に分離されて公私が区別されること」「責任倫理と団体規律服従能力」などである。

一方、「家産官僚制」というのは、「伝統的支配」の類型に対応するもので、法ではなくて神聖不可侵な伝統が行動を律する官僚制度である。その特徴は、「固定化・身分化した職権」「職権は私権と融合し世襲化すること」「職務の体系は身分の体系となり、しばしば上級官吏により横暴な容喙《ようかい》がおこなわれること」「すべての権益が私的権益と区別されない公私混同の常態化」「君主や側近の恣意《しい》が横行すること」「心情の倫理、名誉による支配」などである。

さて、このような区別に照らして見るとき、近代日本の官僚制は、どういうものだと考えられるのだろうか。

ヴェーバーは、近代の官僚制は基本的に依法官僚制で、家産官僚制は、古代エジプトや中国の歴代王朝などに見られる非近代的なものだと考えていた。確かに、近代日本の官僚制も、形式的には法に基づいていたし、のちには戦時統制機構に典型的だった機械のような非人格的な機構を整えていった。また、さっき見たように、官僚は天皇のために忠勤するものとされていたけれども、だからといって、官僚機構が天皇個人の恣意によって運営されていたわけではない。

しかし、そのような面を持っていた日本官僚制の実質を見てみると、官僚組織内部の関係および外部との関係では、むしろ人格的な依存関係が支配していたといっていい。官僚が、その行政行為において、形式的には法に基づいているような形を採りながら、実際には恭順と恩恵の関係で事を運んでいたのは、産業政策の実行、公共工事土建請負契約の実態などに関してすでに見たとおりである。それは、明治期だけの話ではなくて、戦後においても、依法的とはいえない行政指導や口頭指示、人格的な結びつきを通じて官僚組織運営がおこなわれてきた。このように、どうも依法官僚制とは思えないような実態がある。

こうした実態をとらえて、評論家の小室直樹《こむろなおき》などは、近代日本の官僚制は「依法官僚制の皮をかぶった家産官僚制」だといっている（『日本人のための経済原論』東洋経済新報社）。また、専門の学者の中にも、たとえば社会学者の佐藤慶幸《さとうよしゆき》のように、日本の官僚制を「イエ」観念に基づく家産官僚制だとし、近代日本国家を「官僚制的後期家産国家」と規定している人たちもいる（『官僚制の社会学』新版、文眞堂）。

彼らがいうように、日本の官僚制には家産官僚制的性格が色濃く投影されている。だが、ヴェーバーのいう家産官僚制では、支配権がエジプトのファラオ、中国の皇帝のような政治的権力者に完全に専有されているという点が最大のポイントであるのに対して、日本の場合には、かならずしもそうでない。天皇は「統治権を総攬《そうらん》する」者ではあっても、国土と人民を私権において所有する者ではなかった。

また、統治権総攬といっても、実質においては政治的権力を個人的にふるうのではなく、天皇個人とは別個におこなわれる政治的決定に、みずからの権威において正統性をあたえるのであって、政治的権力というよりは、祭祀《さいし》王たる権能において社会的権威として機能していたのである。だから、大久保利通らのような政治家と官僚が個人において融合した政権トップは、近代的な国家目的を天皇の社会的権威を通じて推進していくことができたのだ。

中国の清朝皇帝の家産官僚の一部が、洋務運動などを通じて近代化を図ろうとしてもできず、国民国家を創ることもできなかったのに対して、日本の天皇の官僚は、こうした仕掛けを通じて、近代化・国民国家形成を、ヨーロッパとは違う形ではあったが、見事に成し遂げることができたのである。

だから、日本の近代官僚制を「依法官僚制の皮をかぶった」とか「後期家産国家」とかと規定してしまうよりは、程度の問題はあれ、依法官僚制と家産官僚制のハイブリッドとしてとらえ、それが抱えていた問題の焦点を「依法的であること」と「家産的であること」との矛盾において見ていくほうがいいように思われる。この「依法的であること」と「家産的であること」との二重性は、とりわけ、近代日本国家の出発点においては鮮明に表れていたのである。

■「稟議《りんぎ》・根回し」「行政指導・談合」は、なぜ生まれたか

維新政府は下級武士の権力だった。大久保、西郷、木戸をはじめ、みんな下級武士であ

る。そういう身分から権力を掌握した彼らは、徳川時代の「伝統的支配」を打破しなければ権力を掌握・維持できなかった。だから、彼らは、徳川幕藩権力の家産官僚制を破壊し、身分制に代わる近代法に基づく「合法的支配」を実現しようとしたのである。

そうであったからこそ、彼らは、すぐには不可能と見られた廃藩置県《はいはんちけん》を、早くも一八七一年（明治四年）に断行し、また非西欧世界の国家としてはまったく異例のスピードで、一八九〇年代初頭には憲法並びに民法・商法・刑法・民事訴訟法・刑事訴訟法の五大法典を完成させたのである。これは、まことに驚くべき偉業であった。そこから見れば、彼らは全力を挙げて「合法的支配」と「依法官僚制」を志向し、推進していったといえる。

だが、同時に、彼らは、そのようにして確立しようとした権力の正統性を、天皇に求めるしかなかった。藤原弘達《ふじわらひろたつ》の言葉を借りれば「幕府に替えて天皇をいただく『新直参《じきさん》』」（『官僚の構造』講談社）として自分たちを押し出すことによって大改革を遂行することができたのだ。そのために、彼らは、古代の天皇による政治にもどる（王政復古）という形で、徳川の「伝統的支配」よりさらに旧《ふる》い「伝統的支配」にみずからを同化したのだ。

しかも、維新政府の官僚機構は、徳川時代の幕藩家産官僚に大きく頼らなければならなかった。官僚上層である勅任官《ちょくにん》・奏任官《そうにん》は、当然ながら、天皇と直結していた薩長土肥《さっちょうとひ》が多くを占めたが、実務に当たった判任官《はんにん》は、旧幕臣が多かった。徳川時代の幕藩官僚制は、同時代の前近代官僚制としては世界でもっとも発達したものの一つだったからである。だから、中央官庁の官吏は、明治四年で八七％、中央と地方官吏合わせても明治一三年で七四％が士族だったのだ（辻清明《つじきよあき》『日本官僚制の研究』東京大学出版会）。彼らを使っていくために、大久保たち維新官僚は、ただ「幕府直参」を「天皇直参」に変えただけのような家産官僚機構をつくっていかざるをえなかったのである。

このようにして、近代日本の官僚制は、「依法的であること」と「家産的であること」との矛盾をつねにかかえながら、その矛盾を不断に解決していくシステムを必要としていくのである。そのシステムの典型的なものが、官僚制内部においては「稟議《りんぎ》制」と「根回し」であり、官僚機構と民間との関係においては「行政指導」と（広い意味での）「談合」だったのだ。

■企業経営は「一家」、労働者も「一家」だった

このように、近代日本において、「依法的であること」と「家産的であること」、近代的合理性と非近代的共同性とが二重になって現れてくるのは、国家の官僚制の場合だけではなくて、政治制度、経済制度においても見られる現象であった。近代的合理性と非近代的共同性、どちらか一方だけを採っては、日本の近代化はできなかったのである。だから、

その両面を媒介《ばいかい》するものとして、すでに見たように、政治制度においては、絶対主義の立憲的修正による「君民両権」路線が採用され、経済制度においては、政府官僚主導による民間活力開発を制度化する「官民両権」路線が採用されたわけである。

そして、この路線のもとに育成され、成長してきた民間企業は、それ自体の内に、この二重性を持ち込まなければならなくなり、経済的な合理性の追求と社会的な共同体らしさの維持とを同時におこなわなければならないという矛盾を抱えることになっていった。

われわれのテーマである土木建設企業について見れば、西松組の社長の回想に見たように、親分・子分関係をもって一家として結びついた労働者の家族的共同体が企業の実体だったのである。そうした実体でありながら、ほかの企業との競争に勝って利潤を上げていかれるような経済的合理性も持たなければならなかったのだ。しかも、これは、土建業にかぎったことではなかったし、明治の資本主義形成期にかぎったことではなかった。

社会学者の有賀喜左衛門《あるがきざえもん》が「日本資本主義経済は明治初年に於《お》ける豪商の大会社組織への発展にその発足が見られる」(『日本家族制度と小作制度』有賀喜左衛門著作集第二巻、未來社)といっているように、日本の近代企業は、徳川時代の商家同族団(同族で結束した商人集団で、近代の三井・住友などに代表される財閥につながった)をもとにして生まれた。

そして、そこに雇われた労働者は、徳川時代以来の農村同族団(こちらのほうが商家同族団の原型である）の末端にいた小作農を中心とする貧農出身が主な構成員であった。形は近代的企業だが、内実は、ヨーロッパの場合のように「自由な市民《ブルジョワ》」と「二重の意味で自由な労働者《プロレタリア》」とが結びついてできたものではなくて、経営者における商家同族団のイエの論理と労働者における農村同族団のイエの論理とを引きずったままに、資本家と労働者が結びついてできたものだったのだ。

最初はそれでもしようがないのであって、資本主義が発展するにつれて近代的になった、ということだったのか。そうでもなくて、いまだに、その体質は存続しているのだ。

土建業を見てみれば、現在でも、ゼネコンは大手、準大手計一五社のうち実に一〇社が同族経営である。また、土建企業全体の七〇％近くが事実上の個人経営ないし家族的経営の小企業であるといわれている。企業全体を見ても、経営者のレヴェルでは同族経営が依然として根強いし、社員のレヴェルでも、一九九五年（平成七年）に打ち出された日経連（現・日本経団連）の「新時代の『日本的経営』」という戦略方針に基づいて、非正規雇用が増やされるとともに、雇用社員のグループ別選別が進んだけれど、企業の基幹をなす「長期雇用型グループ」に属する終身雇用の正社員については、家族主義的企業共同体の結びつきが強く維持されている。

日本企業における官僚制を研究した政治学者の辻清明は、この点について総括的に次のように書いている（前掲『日本官僚制の研究』）。

明治の初期以来、それ以前の封建時代の同族的商人と農村出身の労働者が、ともに近代的な経営の組織と技術と結びついて、わが国の企業のなかに家族制度の慣行を、そのまま持ちこみ、日本の近代企業発展の有力な支柱となってきたのである。このような近代企業に取り入れられた家族制度は、企業社会のなかに、家長制に基づく協同体の関係を形成した。

このように、日本では、近代化の過程全体を通じて、企業社会を家産制的関係が支配していたのである。近代日本の企業の経営者・幹部職員は、それぞれが「一家」をなしていたのであり、労働者も、親方・子方関係を通じて、やはり「一家」をなしていたのだ。

親方・子方関係というのは、「オヤ」（父親・親方・親分）が「コ」（息子・子方・子分）を全面的に奉仕すべきものとして使役《しえき》し、「コ」がそれに応えるならば、全面的な奉仕の見返りに全面的な庇護《ひご》をあたえるという関係である。これは、土建請負関係について見た恭順・恩恵の関係と似ている。ただ、それより全面的なもの、全人格的なものであった。商家同族団や親方・子方制を研究した社会学者の中野卓《なかのたかし》のいい方を借りれば、「コ」にならなければならなかった人たちが求めたものは労働に対する賃金だけではなかったし、「オヤ」になってこれを受け入れた人たちが彼らに求めたものも賃金で買い取れる労働だけではなかったのである。

前に見たように、まだ人格的依存関係が自然に崩れてきているわけではない明治期の日本で資本主義をやっていくためには、人格的依存関係を基本的に解除していくけれども、まったく解体するわけではなく、それを物象的依存関係に適合する形で再編し、両者を融合していかなければならなかったわけなのだが、その再編・融合形態が、近代的企業の中における親方・子方関係だったのである。これは、資本主義の発展が物象的依存関係の発展にならざるをえない以上、いつかは解体されていくものだった。しかし、それを長く維持してきたところに、むしろ、日本資本主義の強みがあったともいえるのである。

この親方・子方制による「一家」は、特に土建業において典型的なものであった。

土建企業は、その生成期・発展期において、基本的に官庁・軍が発注する土木工事や建築の請負業として発達してきた。そして、その請負業務の中身は、官庁・軍が持つ技術と機械を利用して、労働力の供給と管理をするという性格の強いものだった。日本土木会社というゼネコン機能を持つ企業がつくられたが、成功せず、ゼネコン機能は軍・官庁がにない、土建企業は下請機能という形にもどったのは、すでに見たとおりだ。

だから、土建企業の機構は、受注した工事・建築をやりとげるだけの労働力を集め、それを管理する機能を果たすことを中心課題とするものだった。しかも、それも受注した土建企業が直接やるのではなくて、労働現場に子方を動員して稼働させ統轄することができる親方を通じておこなわれていたのである。親方・子方集団は「オヤ・コ」関係で結びついた一箇のイエである。そのイエの集積に支えられて土建企業が成り立ちえていたのである。そして、その集積をまとめ上げている土建企業自体がまた、一箇のイエなのである。土建業というのは、このような重層的なイエ連合の形を採っていたのである。

このような構造が、土建業の企業文化を形成していった。それは、イエの論理につらぬかれた企業文化であり、その点において、軍・官庁の家産官僚制的な文化と接合し、同化していたのである。

■「掟」としての談合

土建業界はイエ連合で動いていたということになる。

「家連合」というのは、有賀喜左衛門が立てた概念である。有賀は、農村同族団の研究から、「同族的家連合」と「組《くみ》的家連合」という類型に二分して家の連合を考えたのだが、福武直《ふくたけただし》は、これを深めて、「同族的結合」と「講《こう》組的結合」という類型を立てた（『日本農村の社会的性格』福武直著作集第四巻、東京大学出版会)。中野卓は、これを都市の商家同族団から発展した企業にあてはめて、イエ的経営体としての企業相互の結びつきを考察している(『商家同族団の研究』未來社)。

この考え方を企業社会、土建企業に当てはめて考えてみたら、どうなるのだろうか。「同族的家連合」「同族的結合」というのは、有力な本家を中心にして本家・分家間に形成される同族的な結びつきで、上下に序列化されたタテの集団である。それに対して、「組的家連合」「講組的結合」というのは、地縁に基づき形成される村の中の組に見られるような結びつきで、各家が同等のヨコの関係で相互扶助をおこなう。

土建業における「同族的家連合」「同族的結合」とは、ゼネコンの系列化のことである。企業社会全体で見るなら、財閥の形成だろう。それに対して、「組的家連合」「講組的結合」とは、企業社会全体で見れば同業組合、そしてそれが土建企業間で生んだのが談合なのではないか。

日本の近代社会の仕組みは、ヨーロッパのように下から自生的に発展した社会関係が市民革命を経て普遍化されたものではなくて、近代的な制度を先につくって、その制度に合わせて新しい社会関係そのものを上からつくりだしていく形で強行的に構築されていったものだ。そのために、まず近代法を大急ぎで整備していった。そうすると、近代法による法の支配をつくりだすために、いったん前近代的な部分社会の規範すなわち掟を全面的に否定する必要があった。だから、ムラの自治のようなものは、いったん解体された。しかし、そのように上からかぶせられてきた法で社会をうまくまわすことはできない。それぞれの部分社会において「社会集団の生活を維持するために定められた規範」である掟がうまく働いてはじめて新しい社会秩序を成り立たせることができる。だから、かつての掟にあたるものを新しい法とともに、それと整合的な形で創り出していかなければならなかったのだ。

けれど、掟というものは、人為的に制定できる法とはちがって、それまでの社会にはなかったものから創り出すようなまねはできないのである。それまでの社会、特に村落共同体や都市共同体といった基礎社会、そこにあった「社会集団の生活を維持するために定められた規範」を基盤にせざるをえない。

だから、新たにつくられた近代官僚制は、徳川時代の家産官僚制を基盤にしなければならなかったし、企業社会の秩序は、かつての商家やムラの掟を基盤にしなければならなかったのである。談合もその一つであった。だから、前にいったように、近代法ができ、経済分野でも近代市民法が整備されたとたんに、掟としての談合が生まれなければならなかったのである。ここに、ムラの掟としての談合が、近代的な形態で甦ろうとしていたのである。

ところが、これまでの日本近代化論の多くは、このような結びつきを、すべて「前近代的」「封建的」「反動的」として、いっしょくたに否定してきたきらいがある。それは、「近代的なもの」と「前近代的なもの」、「民主的なもの」と「封建的なもの」、「進歩的なもの」と「反動的なもの」をはっきりと分けて対立させてとらえる、ヴェーバーに代表されるような欧米社会科学の発想——それは欧米社会の現実には適《かな》っていた——を、日本の現実にそのまま機械的に当てはめたためだった。

だが、明治以降の日本にあった「同族」も「イエ連合」も「談合」も、徳川時代の同族やイエやムラの談合がまだ残っていたというものではなかった。前近代の封建的な要素が残存したもので、遺制だから進歩に逆らう反動的なものだ、ということではないのだ。そうではなくて、いったん基本的に解体された後に、近代的法秩序に適合するような形で再編されて復活してきたものなのだ。

だから、そうしたものについては、中野卓が『下請工業の同族と親方子方』(御茶の水書房)でいっている言葉を借りれば、「日本近代を底辺で支えたものとして」「『日本近代』的なものとして」、「やがて『日本現代』を迎えるその足場となり、跳躍板となったもの」「民族文化の伝統を歴史的社会的な連続の中で変動するもの」と見ることが必要なのだ。

私も、そのような視点から談合を見ていこうとしている。談合は、「近代的なもの」に対置される「前近代的なもの」ではなくて、「非近代的なもの」でありながら「『日本近代』的なもの」として見なければならないのだ。そうすれば、それがいまだに持っている意味が見えてくるにちがいないのである。

9 顔《かお》役《やく》、金《きん》筋《すじ》、新聞屋

■競争と利害調整と

これまでに談合の起源は前近代社会におけるムラの掟《おきて》、つまりムラという自治的な共同社会の社会規範にある、といった。また、日本の場合、それが近代になって、いったん解体されたあとに、近代的な物象《ぶっしょう》的依存関係のなかに再生されたのだ、ということも見た。だが、もちろん、そこにできた社会は自治と相互扶助《ふじょ》の社会の再生ではなくて、私益や我欲の追求を原理とする社会だったのだ。

ただ、日本の近代社会は、私益や我欲の追求を各人ができるだけ自由にできるようにすることで競争を通じて効率のある社会をつくっていくという欧米流の近代社会ではなくて、競争はするけれど、あらかじめ「仕切《しきり》」を国家の力でつくりだしておいて、その枠内で競争するという「仕切られた競争社会」なのであった。その「仕切られた競争社会」の文化が談合文化なのだ。

逆にいえば、仕切られてはいるが、おたがいが利益を追求していく社会だったわけで、土建の世界も、おたがいに助け合っていけば共存共栄がはかれるという共同社会《ゲマインシャフト》であったわけではなく、競争以前に利害の調整がなされるのだけれど、基本はあくまで個々の利益の追求であるという利益社会《ゲゼルシャフト》だったのである。あくまで自分の利益のために共同するのであって、共同すれば自分の利益がいつでもまもられるというわけではなかった。

だから、会計法ができて一般競争入札制度が定められると、一方で談合して利害調整がおこなわれるようになったけれども、他方では競争が非常に激化したことも確かなのである。日本土木会社のようなスーパーゼネコンが解体されたあと、小企業が乱立した土建業界の競争は熾烈《しれつ》なものになった。そうすると、談合をやってもなかなかまとまらない。

そもそも談合で落札業者を決めるのに基準なんてないのだ。私が経験した無数の談合でも、仕事が欲しい業者は、それぞれに手前勝手な理屈をつけて、仕事を取ろうとする。「これはウチが得意な仕事やから」とか「そろそろウチの順番やから」とかいうのから始まって、「現場にはウチがいちばん近いから」とか「あそこの工事は前にもやったことがあるからなじみや」とか、ありとあらゆることをいう。結局まとまらないで、最後はクジ引きになったりする。それでも落着すればいいが、ときには、最後までまとまらないこともある。だから、談合には、どうしてもまとめ役が必要になってくる。こうして、「顔役」が生まれてくることになる。

それに、一般競争入札だと、原則としてだれでも入札に参加できる。だから、いきなり新規参入することが可能だし、談合のような業界ルールに従わないアウトサイダーも生まれてくる。たとえば、一九一一年（明治四四年）から始まった東京中央停車場（いまの東京駅）の建設の際、関西の沖仲仕《おきなかし》の親方からたたきあげた男が入札に新規参入して、東京の土建業者と軋轢《あつれき》を起こした末に殺害されるという事件があった。

また、入札談合の初期には、談合によって落札者になった者が入札参加者に謝礼金を払う決まりになっていた。『日本土木建設業史』によれば、最初は落札者が参加者に弁当をふるまう程度だったのが、やがて落札価格の何％かを分配するようになったのだという。これを「談合金」あるいは「ダンゴ金」といったが、この談合金を目当てに参加する者が現れるようになったのである。あるいは「お丁場《ちょうば》先とは失礼さんでござんすが……」とやって金品の無心をする同業者あるいは元同業者などが談合にからむようになってきた。丁場とは土木建設の現場、区域のことだが、こうした連中を業界では「金筋《きんすじ》」と呼んだ。さらには、新聞を出すからといって広告料や購読料を要求する「新聞屋」と呼ばれる連中も現れた。こうしたトラブルを捌《さば》くためにも「顔役」が必要になってくる。

最初、談合のまとめ役、アウトサイダー対策などの「顔役」の仕事は同じ業界の重鎮《じゅうちん》がやっていたのだが、重鎮といっても、同じ業界の人間だから、みずからの利害もからみ、公正な捌きはなかなかむずかしい。そのうち、むしろ外部の人間に捌いてもらったほうがいいのではないか、ということになって、「親分」と呼ばれるような人間に依頼するようになった。そこから、やがて、談合の仕切をもっぱらおこなう談合仲介専門業者が誕生するにいたった。その多くはヤクザである。こうした「談合屋」と呼ばれる連中が、逆に、「金筋」や「新聞屋」を配下として使うようになっていった。

戦前、鉄道工事にたずさわっていた飯田清太（発言当時はユニオン土木会長）が『日本土木建設業史』所収の座談会で語っているところによると、「北海道あたりの入札のときには、新聞屋はあちらに一列側面縦隊、金筋はこっちに一列側面縦隊に並んで一円とか、一〇円とか渡した」という状態だったという。これでは、たまったものではない。こうして、談合は「自治としての談合」からだんだんと離れていってしまった。

■土建の世界の相互扶助

ただし、ここで押さえておかなければならないことがある。「ゴロツキが介入するようになったから悪い」「みんなヤクザが悪いのヨ」ということではないのだ。いまのべたようなことは、経営基盤のしっかりした土建企業にとっては、確かに弊害だろう。しかし、零細業者や土建労働者にとっては、かならずしもそうではないのだ。

談合金については、政友会自由主義派の代議士で法学者だった牧野良三《まきのりょうぞう》が、一九三五年（昭和一〇年）新家猛《あらやたけし》刊の『請負業者の所謂《いわゆる》談合に就《つい》て』でこうのべている（『日本土木建設業史』から重引）。「いふまでもなく今日の所謂談合は、不正競争に対する互助的な対抗手段であって、その為《た》めに授受せられる所謂談合金は或《あるい》は工事入札の設計費として、或は現場視察の実費として、又或は次の入札工事を得るまでの維持費として、皆夫々《それぞれ》有効な相互扶助的な作用を為《な》して居るのであります」（傍点は引用者）。つまり「互助」「相互扶助」機能を強調して、談合金もそこから見なければならないといっているのである。そのとおりであって、そうした談合金のありかたが歪《ゆが》められて、一回ごとの談合で談合屋の手に入ってしまうことが問題なのである。談合がいけないのではなくて、本来の「自治としての談合」からはずれていったのが間違いなのである。

また、「新聞屋」はともかく、「金筋」なるものについては、もともとは相互扶助に起源をもっていたのだということを忘れてはならない。土建の世界には、明治時代から「一《いっ》宿一飯《しゅくいっぱん》」「奉願帳《ほうがんちょう》」という相互扶助制度が定着していた。西松組社長・西松三好は、『西松建設創業八〇年』で次のようにのべている（これも前掲書から重引）。

先々代西松桂輔翁の明治時代は請負稼業もまた、やはり一宿一飯の仁義の世界であったのです。……工事場の両端に「御用丁場」と言う立て札が建っており、ここを通過する同業労務者は必ず元部屋へ伺《うかが》って仁義をせねばなりません。その時の仁義と言うのは『御用丁場お手止めましての御仁義は失礼さんでござんす。さて手前生国《しようごく》はどこどこの国、縁あっての親分さんは誰々さんでござんす』と今の映画や芝居そのものです。通過する旅人にはその行先を聞いてそこへ行くまでの費用すなわちわらじ銭を見計《みはか》ってやり、夕方にきたものには一宿一飯は拒《こば》めぬのが定法で夕飯には必ず銚子二本がおきまりのサービスです。一宿一飯も朝飯を食べたらすぐ立たねばなりません。それ以上の長居は御法度《ごはっと》になっています。また工事で不具になった者は奉願帳をもって回ってきます。紙葉をめくって各所で出してもらった記載の金額を見て応分の記入をして金をやります。この奉願帳は負傷の程度によって世話人は紙数を限って作成、全国の同業に共済を乞《こ》うものでありますが、紙数つきればその奉願帳は無効になることから記入の文字を相手の態度で大きくかいて早く紙数をなくしてやる等のこともありました。

このように、「お丁場先とは失礼さんでござんすが……」はゆすり・たかりではなくて、もともと相互扶助の掟に基づくものだったのだ。特に奉願帳の制度は、労災制度もなく、危険な重労働に従事して身体障害者になった者を全国の同じ仲間のカンパで支えようというもので、土建だけでなく、特に鉱山・炭鉱の同職組合「友子《ともこ》」のなかで発達したものだった（村串仁三郎《むらくしにさぶろう》『日本の伝統的労資関係』世界書院、に興味深い詳細な研究がある）。

土建の世界での奉願帳については、西松組配下だった境久吉《さかいひさきち》が、こう語っている（『日本土木建設業史』所収の座談会）。「西松では、組員さんに不幸があった場合は、親方一般から出す。お祝い事の時も出す。……奉願帳というのは、労務者が発破でけがする。そうすると、坑夫の当番長が堂々たる親方連名で奉願帳を回すのです。それを子分が持って全国回るのですね。そうすると……みんなが出して不具者にいくわけですね」。また、「金筋」というのは、もともとは、そういうことを取り仕切る大親分のことだったと境はいう。

一九一一年（明治四四年）にようやく工場法が公布されて工場労働者への補償がおこなわれるようになってからも、土建労働者（「土方」「人夫」と呼ばれ、公的には「労務者」と呼ばれていた）に対しては、何の対策も採られていなかった（わずかに官業土建労働者の労災補償が定められただけである）。ようやく不充分ながら労働者災害扶助責任保険法ができたのが、一九三一年（昭和六年）である。そうした状況のもとで、土建の世界の人間たちは、「封建的」「前近代的」といわれる関係を通じて、おたがいに助け合って生きていかなければならなかったのである。われわれは、そのような世界における問題として談合も見ていかなければならない。

■よい談合、悪い談合

ちょっと話がずれた。話をもどすと、このように一般競争入札制は、土建屋たちの談合を「自治としての談合」から離れたものにしていってしまう働きをした。同時に、過当競争から来る採算割れや労働者の酷使といった問題も起こっていた。また、発注する官の側でも、コストは低くなったものの、手抜き工事や仕上がりの質低下という問題をかかえることになった。そうした問題を引き起こす元凶の一つがダンピングである。競争入札にダンピングはつきものだが、当時のダンピングはひどかった。土持保《つちもちたもつ》・大田通《おおたとおる》『建設業物語』（彰国社）は、こうのべている。

どんなに計算しても三〇〇〇万円を必要とする工事をわずかに八〇〇万円で落札した例がある。その業者は多大の犠牲を払ってその工事を完成した。発注者とすればそれで満足であるかどうかは、あらゆる他の角度から検討してみなければわからない。業界からみれば気狂《きちがい》入札をした者のために他の業者がどのくらい迷惑を受けるかわからない。

次回から予定価格を下げられ、同業仲間としても闇雲《やみくも》に入札されるのでは一定の経費すら見積の中に含めることはできない。相互に自滅を招くことになる。ところが現実には工事量に比べて業者数が圧倒的に多過ぎるのであるから闇雲入札が多くなってくる。自殺行為にも等しい入札が行なわれるのである。そこで公平な価格を害しないで、業者としても適切な利潤を確保するために入札者同志《ママ》の紳士的協定が必要になってくるのである。この入札紳士協定もやはり談合である。

こうして、発注側、受注側の両方から一般競争入札制を改めようという気運が高まってくる。そこで制度の手直しが始まった。もともと会計法には例外規定があって、その場合には一般競争入札によらなくてもいいことになっていたので、この例外規定を活用して、随意契約がおこなわれるようになっていったが、それだけではなく、勅令によって随意契約の範囲が次々に拡大されていったのである。たとえば、一八九三年（明治二六年）には府県税・地方税・市町村税・水利組合費による工事を随意契約にした。あるいは、一八九九年には政府が直接に従事する官設鉄道工事、一九〇一年には朝鮮・台湾での政府工事が勅令によって随意契約になった。

だから、経済学者の武田晴人が指摘しているように、「一八九〇年の制定以来、会計法は一般競争入札を原則としてきたが、実際の公共工事の発注は例外規定を用いた指名入札や随意契約によって処理されてきており、会計法が想定したような簡明な入札方法は定着しなかった」（『談合の経済学』集英社文庫）のが実態だったのである。

同時に、官の側も談合の機能を見直すようになってきた。官の側としては、談合によって落札価格が不当に引き上げられるのは認められない。そういう談合は排除しなければならないが、手抜きや質低下に直結するダンピングを防ぎ、適正な価格できちんとした仕事をする業者を業界がみずから選定するような仕組みとして機能するなら、談合も有効ではないか、という談合活用論が起こってきたわけである。ここに「悪い談合はやめさせ、よい談合を進めよう」という方向が、官を含めて各方面から提起されてくることになる。

「悪い談合はやめさせよう」という人たちからは「談合は犯罪である」という意見が出されてきた。談合罪が制定されたのは、一九四一年（昭和一六年）に刑法が改正されて談合罪が規定されたときのことで、それまでは談合行為で刑を科すことはできなかった。そこで詐欺罪に該当するという論理を立てたのである。入札以前に落札者を決めるのは、注文者を欺《あざむ》く行為であって詐欺罪に当たるというのである。

これに対して、それでは「よい談合」までできなくなってしまうとして、談合は発注者をだますためにやっているのではなくて、妥当な範囲で有利な価格を実現するための手段であるから詐欺罪には当たらないという反論が出された。実際に裁判でも、一九一七年（大正六年）には朝鮮高等法院（植民地朝鮮での日本本国の高裁に当たる）において詐欺罪で有罪の判決が出されたのに対して、ほぼ同じような談合事件に対して、一九一九年に日本国内の大審院（現在の最高裁判所）では詐欺罪には当たらないとして無罪の判決が出されている。

一方は「悪い談合」をやめさせようとし、もう一方は「よい談合」をまもろうとする。それでは「よい談合」とは何で、「悪い談合」とは何なのか。

会計法公布後一〇年の一八九九年（明治三二年）、談合見直しの気運が高まるなかで、日本土木組合が結成された。これはのちの土木業協会の母体になったもので、鹿島組、大倉組など大手を中心とする包括的な業界団体である。そして、この組合の「社交機関」という名目で土木倶楽部《クラブ》ができた。日本土木組合は「無謀の競争を戒《いまし》め、互いの経営の安定向上を期す」ことを目的にしていたが、土木倶楽部は、この目的を実現すべく構成員の「親睦《しんぼく》」をはかるという名目で、要するに談合をやる機関としてつくられたのである。

日本土木組合は一九〇七年（明治四〇年）に解散するが、やがて一九二五年（大正一四年）には土木業協会が発足、談合の会としては協和倶楽部というのがつくられた。のちには、花月会《かげつ》という談合専用のクラブもつくられたという。そして、一九三八年（昭和一三年）の社団法人土木工業協会の発足をもって、土建業界団体が本格的に確立されるのである。

これらは、「近代的な談合」のための機関をめざしたものであった。「近代的」というのは、顔役のような「前近代的」なものに頼らない談合という意味だが、もう少しちゃんというと、「カルテル」のための調整機関である。談合といっても、入札談合だけではなく、もっと包括的な経営者としての談合をおこなう機関なのである。そして、官とも密接に協調して業界の利益を図るスタンスを取っていた。

戦前の日本では、後発資本主義国であったこともあって、私的独占の制限や反トラストという発想はなく、各種業界におしなべてカルテル的体質が強かった。また、政府の産業政策も、このカルテル的体質とリンクして行政指導をおこなうというかたちを取るのが常であった。結論的にいうと、このようなカルテル――行政指導システムを円滑に作動させ、業界秩序をつくりだしながら、個別企業の利益を最大化しようとする談合、それが「よい談合」にほかならなかったのである。

牧野良三は、明治末期から昭和初めまでは「談合屋、顔役、金筋の時代」つまり「悪い談合」の時代だったとのべている（『競争入札と談合』都市文化社）が、日本土木組合以来土木工業協会に至るまでの努力の結果、それ以後は「よい談合」の時代になったというわけである。しかし、このような意味での「よい談合」とは、もともとの「自治としての談合」「相互扶助としての談合」からは、どんどん離れていく傾向を内に包んでいたのである。そして、その傾向を推《お》し進めたのが、戦争と植民地経営であった。

▨植民地の談合、戦地の談合

一九〇七年(明治四〇年)、日本の朝鮮に対する特殊利益を認めた日露協約の年、日本は朝鮮への進出を急速に強めた。それにともなって、未完成だった京釜《けいふ》鉄道(京城《けいじょう》—釜山《ふざん》間)の完成、軍用の京義《けいぎ》線(京城—新義州《しんぎしゅう》間)の建設が急がれ、国内の鉄道請負業者は次々に大挙して朝鮮半島に渡った。それによって、内地の業界は閑散としたという。一八九九年(明治三二年)、台湾縦貫鉄道が着工されて以来、台湾でも鉄道建設を中心とする大規模土木建設が始まっていたが、これとあいまって、以後、植民地における土木建設が大きく発展していくことになる。

そして、一九二七年(昭和二年)山東《さんとう》出兵、翌二八年の張作霖《ちょうさくりん》爆殺事件から大陸情勢が緊迫し、一九三一年(昭和六)満州事変勃発を経て日中戦争に突入していく。土建屋は、植民地だけではなく、戦地の土木工事にも駆り出されていくことになる。これが、官庁・軍と土建企業との関係を大きく変え、談合もすっかり様変わりしていくことになるのであ

一九三一年（昭和六年）当時の朝鮮・京城駅。朝鮮、台湾、中国大陸に進出した日本は、鉄道をはじめ土木工事を急ぎ、日本の土建業者が植民地や戦地に駆り出された。京城駅の後方、山の中腹に朝鮮神宮がある。（写真／毎日新聞社）

る。

どう変わったのか。当時大倉土木にいた西田真一郎は、「戦争が始まったら、談合屋がまったく必要がなくなった」と、『日本土木建設業史』の座談会で語っている。

なぜ必要なくなったかというと、一つには、談合がおおっぴらにできるようになったからだ。官や軍が「おまえたちで談合やって決めてこい」というのだ。先ほど証言を引用した飯田清太によると、「公然とわれわれが談合できるような方向に変ったので、今度は［談合屋や金筋が］住む余地がなくなってきた。そして昭和一三年頃から明るくなってきた」ということである。

なぜ、官や軍が「談合やって決めてこい」などというのか。それは、「こっちのほうが『その仕事はご免被《めんこうむ》る』というぐらい」の仕事がどんどん入ってきたからだ、と西田はいう。やりたくない仕事をどこがやるか決める談合に談合屋は必要ない、というわけだ。

ごめんこうむりたい仕事とは、どんな仕事か。いわずと知れた戦地や植民地の辺境での仕事である。こうした仕事については、昔、戦前から土建屋をやっていた私の親父からも聞いたことがある。そういう場所での工事では、いわゆる匪賊《ひぞく》——抗日ゲリラや馬賊——の襲撃をはじめ大きな危険をともなうこと、果たしてどんな条件の仕事なのか行ってみないとわからないこと、などからみんな二の足を踏んだのだそうだ。軍は、工事現場をゲリラからまもるような作戦行動はしてくれなかったという。それに、労働力は、向こうで集めなければならない。どれだけ集められるかわからないうえ、彼らに対する払いは軍票《ぐんぴょう》だったりする。それをいやがって、なかなか集まらなかったそうだ。

だから、そんな仕事については、だれがこの割の合わない仕事をやる貧乏くじを引くかを決める談合をやったというのである。前に「プラスの談合、マイナスの談合」という話をしたが、これも、まさしくマイナスの談合である。そんな事情だから、官や軍が、談合をおおっぴらに認めるようになったのである。

そういう仕事にだけ談合を認めたわけではない。一般に談合はやり放題になった、という。それは、いつごろからだったのか。西田真一郎は、戦争が始まったらそうなってきたのだ、といい、飯田清太によると、完全に公然と談合ができるようになったのは、一九三八年（昭和一三年）からだという。

一九三八年とは、どういう年だったか。ほかでもない、国家総動員法公布の年である。長期化する戦争が生み出した戦時統制体制、その総仕上げとしての国家総動員体制、そうした体制を円滑に作動させていくために、業界の「よい談合」が必要となり、談合が質的に変化していくことになったのである。「よい談合」は、官民協調のカルテル秩序ということだとのべたが、それが、土建屋たちの利益配分のためというファクターに重点がおかれたものから、国策遂行に応えるためというファクターに重点をおかれるものに変化させられていくのである。いうなれば、「国策談合」の成立ともいえる。

日本資本主義は自由競争（民権）と官僚統制（官権）のハイブリッドで、「官民両権」路線でやってきた、とのべた。そして、それが官権寄りに振れたり、民権寄りに振れたり、振幅をくりかえしてきたのである。日本土木会社設立のころには大きく官権寄りに振れていたのが、会計法制定による一般競争入札導入のころには今度は民権寄りに振れた。一般競争入札というのは、ちょっと振れすぎだったので、振り戻しが起こった。そこにまさに国家の問題である戦争と植民地経営が介在してくることによって、どんどん官権寄りに振れていく。その振れが行き着いたのが、一九三八年の国家総動員法だったのだ。

■統制経済化と総動員体制のなかで

国家総動員法は第一条に「国防目的達成の為国の全力を最も有効に発揮せしむる様《よう》人的物的資源を統制運用する」と規定している。それは国民経済・国民生活を全体として国家統制のもとにおき、その統制権について政府に大幅に白紙委任するというものであった。統制の内容には、当然のことながら労働力・生産手段の統制が含まれていた。労働力統制では国民を総動員業務に従事させる徴用をおこない、雇用・解雇・労働条件を自由に命令できた。生産手段統制では物資の需給統制として事業設備、土地工作物、鉱業権などの使用・収用を命令できた。

労働力の統制のために、内務省・厚生省が中心になって、各産業ごとに労資一体の産業報国会が組織された。国家総動員法公布の三ケ月後に結成された産業報国連盟は、「資本・経営・勤労の有機的に結合せる一体なること」を謳《うた》っていた。また、生産手段の統制では、一九四一年(昭和一六年)に重要産業団体令が出され、産業分野ごとに政府・大企業が一体になってつくられた統制会が生産手段の統制をおこなうようになった。こうした統制経済化と総動員体制は、土木建設においては、どのように現れてきたか。

労災制度などの労働者保護立法に関して触れたように、土木建設労働者は工場労働者などからも差別され、置き去りにされてきたのだったが、この場合もそうだった。土建は産業報国会をつくらせてもらえなかった。「土方」は労働者ではなくて、「労務者」として別扱いにされたのだ。そして、産業報国連盟結成からはだいぶ遅れて、一九四一年（昭和一六年）に産業報国会とは別組織として大日本労務報国会が組織されたのである。

これは労務供給業者、要するに土方の親方の全国連合である。『翼賛《よくさん》国民運動史』（翼賛運動史刊行会、一九五四年）の「大日本労務報国会」の章を見ると、「仁義道を国家に役立てようと」「各自縄張りを中心に会員の募集に奔走」とかの記述が目立つ。内務・厚生官僚と日本全国の親分衆が一体となって、港湾・土建・炭鉱鉱山の労働者（いや、労務者か）を統轄する親方を組織したのである。全体の会長は厚生大臣、東京の労務報国会の会長が警視総監だったことに示されるように、道府県レベルでは内務省の指導のもと警察が強く関与していた。そして、寄せ場や飯場を拡充して、緊急工事、緊急荷役《にやく》作業、勤労挺身《ていしん》隊や空襲時緊急工作隊への動員などをおこなっていったのである。

労働力の統制ではそういう具合だったが、生産手段の統制でも土建業は別扱いされ、初めはほかの産業とは違って統制会はつくられず、のちに一九四二年（昭和一七年）になって、軍建協力会というものがつくられた。この軍建協力会は陸軍と土建業者の協力機関で、続いて海軍との間に海軍施設協力会という同じような組織がつくられた。これらは、陸軍・海軍出入りの土建業者と大手総合業者を全部網羅したもので、軍建協力会の場合を見ると、清水組副社長が会長、副会長は大倉土木からと大手が中心になっている。

これはのちに、軍の枠を取り払って、国家総動員法に基づく戦時建設団という特殊法人に発展する。これが土建分野における統制の最後の形態である。現在の各都道府県の建設業協会は、だいたいこの戦時建設団が前身になっているようである。

これらの団体で統制経済下の談合がおこなわれた。軍建協力会副会長だった大倉土木の小松五郎兵衛《こまつごろべえ》によると、こんな具合だったという（前出の座談会）。

清水組の講堂に集まって、われわれ［役員］があらかじめ軍と相談して、たとえば清水組はどこの仕事をする、マレーはどこがやる、ビルマへはどこの店をやるというふうに、その店の力と向こうの施設とを軍と相談して業者出向のアウトラインを決めたのです。それで全国の人を集めて、「あんたはどっちに行ってもらいたい」「あんたはこっちの仕事をやってもらいたい」と……戦争中ですから、だれも文句をいわんで「よろしゅうございます」ということで統制をやったわけです。

同じ座談会で語っている当時戦時建設団次長だった田中一《たなかはじめ》（戦後社会党参議院議員）によると、このとき、今日でいうジョイントベンチャーが多用されたという。田中一のような官僚が指導して、業者に談合をやらせて、たとえば「海軍施設協力会多賀城《たがじょう》作業隊は大林と木田《きだ》と佐藤工業がジョイントしてやる」などと、決めていったのだということである。これが戦時談合の実態であり、まさしく国策に沿って指令をこなしていくための談合であった。

しかし、敗色が濃くなっていってからは、労働力統制も生産手段統制も非常手段的なものになっていく。

土建という産業は、もともと労働力に頼る度合いが高かったが、特に日本の土建業は機械化が進まず、労働者の労力によるところが非常に大きかった。ところが、戦争が進むにつれて、労働力になりうる「人的資源」(と呼ばれていた)は、軍の召集や徴用で枯渇し、残った労働力も軍需工場などに重点配分されたので、内地の労働者のうち土建で働く者は皆無といってよい状況になってしまった。そこで、外国人捕虜、朝鮮人・中国人労働者などを使わざるをえなくなっていった。

山口県労務報国会動員部長を務めた吉田清治《よしだせいじ》の証言によると、朝鮮人強制徴用は大日本労務報国会が担当していたということで、山口県労務報国会は慶尚南道《けいしょうなんどう》・全羅南道《ぜんら》・済《さい》州《しゅう》道などで募集徴用、強制徴用をおこなったという(金三雄《キムサムウン》『日帝は朝鮮をどのように滅ぼしたか』Saram Gwa Saram 刊)。

戦時建設団のほうも、めちゃくちゃやるしかなくなっていく。田中一の話では、最後の抵抗線としてトラック島に飛行場を建設するということになって、二〇〇人の穴掘り人夫を集めてこいというが、集めるあてなんて何もない。田中は北海道に飛んだ。土木業者地《ち》崎《ざき》組の地崎宇《う》三郎《さぶろう》の線で川口《かわぐち》常《つね》五郎《ごろう》という親分を呼んで「勲章もらってやるから、おまえの飯場から二〇〇人集めろ」といって集めさせ、東京まで連れて行って竹芝《たけしば》桟橋からトラック島に送ったということだ。彼らは、全員戦死したそうである。

これが国策談合の行き着く果てであった。

10 談合文化が高度成長をもたらした

■「一九四〇年体制」の成立、そして継承

国策談合をもたらした統制経済体制を「一九四〇年体制」と名づけたのは、経済学者の野口悠紀雄《のぐちゆきお》だった。野口は、一九九五年（平成七年）に刊行された著書『1940年体制』（東洋経済新報社）で、一九三八年（昭和一三年）の国家総動員法公布、四〇年の大政翼賛会《たいせいよくさんかい》・大日本産業報国会創立をメルクマールに確立された体制を「一九四〇年体制」と呼び、その基本理念を「生産者優先主義」と「競争否定主義」に見た。そして、この体制が、敗戦と戦後改革にもかかわらず、形を変えながら戦後まで継続したとして、一九六〇年代の高度経済成長を実現したメカニズムは、この「一九四〇年体制」に内包されていた、と論じたのである。

野口のこの「一九四〇年体制」論には、いくつかの点で、大きな問題点を感ずるが、戦

時統制経済体制のスキームが戦後も生きていて、それが高度経済成長をもたらす要因となった、という点では正しいのではないか、と思う。

「大きな問題点」というのをあらかじめいっておくと、第一に、一九四〇年体制成立までの日本経済を、基本的に民間資本が自由に行動する自由経済としてとらえていることである。それが一九四〇年以後、官僚によって統制される統制経済に変わってしまったというとらえかたになっている。第二に、これと関連して、戦後の官僚統制が一九三〇年代後半に擡頭《たいとう》したいわゆる「革新官僚」に淵源をもつものとして基本的にとらえられていることである。つまり、一九四〇年頃に官僚制の断絶があったととらえている。だから、野口は「現在の官僚達は、明治の『天皇の官僚』ではなく、戦時の革新官僚の子孫なのである」(『1940年体制』)というわけである。

だが、こんなふうに二分できるものであろうか。このように一九四〇年以前・以後を峻別《しゅんべつ》してしまうと、よくある「明治・大正の日本はよかったが、昭和の軍国主義から悪くなって、まだその悪い体制が残っている」というとらえかたにつながってしまいかねない。その結果、いま必要なことは、軍国体制の名残をなくすことにあるとばかり、統制撤廃、規制緩和、「自由化」のみがもっぱら追求されることになる。

だが、これまでこの『談合文化』で見てきたように、日本資本主義は自由競争(民権)

と官僚統制（官権）のハイブリッド、「官民両権」路線でやってきたのである。そこに強みも弱みもあったのだ。初めから、あるときは自由競争の方向に振れて統制が部分的に解除されたり、またあるときは官僚統制の方向に振れて自由が部分的に抑圧されたりしながら、自由と統制がたがいに矛盾・対立しつつ混交されてやってきたのが実態なのである。また、官僚にしても、司馬遼太郎がのべたように、初めから今日まで一貫して「日本の政府は太政官」なのであって、戦時になって急に軍部・政治家と癒着したわけではない。政治体制と官僚制が相互依存している文化が続いてきたことこそが問題なのであり、その文化の態様が自由競争に振れた時期と官僚統制に振れた時期とで異なるにすぎないのだ。

そういったあたりに大きな問題点があるのだが、野口のいう「一九四〇年体制が高度経済成長をもたらした」という論点には傾聴すべきものがある。かつては、敗戦と戦後改革による断絶の契機があまりにも大きく考えられていて、戦前の体制は全否定される傾向が強かった。そういうなかにあって、戦中との連続の契機を重視しなければならないという主張を明確かつ全面的に打ち出した点で、野口の『1940年体制』は画期的な意義をもっていた。

野口は同書で「企業という生産のための組織が、従業員の相互補助《ママ》的な共同体としての性格をもち……戦後の日本では、最も重要な共同体は『会社』になった」として、こうした「会社共同体」の文化こそが「高度成長のエンジン」だったとしている。また、新日本製鐵初代社長・稲山嘉寛《いなやまよしひろ》の言葉を引用して「〈自由競争〉よりも〈自由協調〉が人類に平和の世界をもたらす」という「単一の目的のために競争を抑制し、全体が協調する」文化が一九四〇年体制の精神であり、これが高度成長を支えた、としている。

これはそのとおりだろう。日本の資本主義においては、企業の経営者・幹部職員が同族団のように一家をなし、また労働者が親方・子方関係を通じて一家をなしていたことが、大きな特徴であり、高度成長期までは、それが主に強みとして働いたのである（それ以後は、強みよりもむしろ弱みになっていったのだが）。また、競争を否定はしないが競争と共存できる協調を重視し、全体が協調しながら競争していく「仕切られた競争」が日本の産業を発展させてきたということも確かである。だが、これは、明治以来の一貫した過程であって、戦時体制を通じてつくられたものではない。そして、一九四〇年体制において、その一貫した過程がどのような特徴をもつようになったのか、が重要なのである。

また、野口は、このような文化にもとづいて制度化されていた、たとえば金融行政における「護送船団」方式、財政投融資に依拠した「公団・公庫・営団」方式、戦時の統制会を引き継いだ業界団体を行政指導で動かしていく方式、それらの制度を活用しながら戦中の軍需産業優先と同じようなやりかたで重要産業を重点的に保護育成していく産業政策の方式など、戦時統制経済に淵源を持つもろもろの制度が戦後にも継承されていったことを指摘している。そして、それらの統制経済に根ざした制度がいかに高度経済成長の推進に役だったかを強調している。

これも、そのとおりだろう。だが、確かにこれは基本的に国家政策として官僚主導で展開されたものだが、野口がいうような「競争否定主義」「官僚統制主義」として一面的にとらえられるものではなくて、国家官僚と民間資本家とが、国策を前提にしながら、利害を一致させられる範囲で採られてきた行政手法として理解されるべきである。このように〈国家―〈企業に代表される〉中間集団―個人〉の利害を循環させていく方式こそが、一九四〇年体制の特徴だったのである。これを野口のように、競争か統制か、生産者優先か消費者優先かというかたちで設定された外的な大枠からのみ見てしまうと、本質を見失うことになるのではないだろうか。

戦時統制経済と高度成長経済はつながっていた

そういった問題点は感ずるものの、野口が打ち出した観点は重要である。

高度成長が始まったのは、池田勇人政権からではない。景気循環から見れば一九五五年（昭和三〇年）の神武《じんむ》景気からだともいえるし、政策的には、明らかに一九五七年策定の

「新長期経済計画」からであった。この長期計画を策定したのはだれか。時の総理大臣・岸信介である。そして、この岸信介こそ、満洲国国務院産業部での満洲国経営の実験に基づいて、商工省・軍需省の革新官僚を率《ひき》い、国家総動員体制の司令塔となって、各種統制会、公団・営団などを動かして戦時統制経済を回していた中心人物なのである。そして、その下でマシーンを回転させたのは、GHQによって排除されることもなく無傷で残った革新官僚とその後継者たる経済官僚だったのである。人的に連続性があったのだ。

この点について、私は『安倍晋三の敬愛する祖父岸信介』（同時代社）のなかで、分析し、詳述した。その一部を引く。

戦後、占領軍は、内務官僚を中心に、一定の高級官僚たちを公職追放に処したが、経済官僚はほとんど無傷のまま残った。岸の右腕だった椎名悦三郎《しいなえつさぶろう》をはじめ、「岸機関」「岸人脈」の中枢はそっくり生きていた。また、官僚機構の統制組織、統制技術は、そのまま継承された。だから、軍事的な戦争目的のために組み立てられた経済統制機構は、そっくりそのまま平和的な経済復興目的のために転用されたのである。

占領時代には、一九四六年（昭和二一年）二月に経済危機緊急対策本部として経済安定本部が設置され、経済統合の総合官庁と位置づけられたが、これは戦中の企画院が

東条英機内閣に商工大臣として入閣した岸信介。満洲国経営や戦時統制経済に辣腕を振るった岸は、戦後の高度成長政策でも中心的存在だった。
（写真／共同通信）

衣替《ころもが》えしたものにほかならなかった。戦前に企画院事件に連座した和田博雄《わだひろお》が総務長官を務めた時期があるように、経済安定本部には企画院経験者が多かった。また、その中心メンバー、スタッフは、戦前の企画院と同じように、佐々木義武《ささきよしたけ》や佐伯喜一《さえききいち》などの満鉄人脈で構成されていたし、その政策立案のやりかたも満洲以来の計画統制経済の手法であった。

講和発効後、経済安定本部は、経済企画庁に改組され、統制経済から自由経済への転換を主導するものとされたが、それにしたがって、単に長期計画を立案するだけの機関となって影を薄くしていった。それに代わって実質的権限をもってくるのが、戦前の商工省の後身である通産省であった。朝鮮戦争・朝鮮特需で復興した日本経済が成長軌道に乗ってくると、通産省が「日本経済の参謀本部」としての機能をになって、産業政策を駆使していくようになるのである。

通産省には商工省以来の岸人脈が広く深く生きていた。特に岸が首相になると、通産大臣には満洲人脈の高碕達《たかさきたつ》之《の》助《すけ》が就任し、のちには「池田内閣で」椎名悦三郎が就任している。一九五〇年代後半には、通産省内では「困ったときの椎名参り」という言葉ができていたという。椎名を媒介に岸人脈が中枢を占めた一九五〇年代後半から六〇年代初めまでは、次官、局長クラスがほとんど「椎名門下生」で固められていた。

戦時統制経済と高度成長経済とは、岸信介というキーパースンと革新経済官僚というマシーンによって架橋されていたのである。

また、この二つの経済は「日本株式会社」(Japan Inc.)というキーワードでも結ばれていた。高度成長期の日本経済は「日本株式会社」と呼ばれたが、この言葉はもともと、アメリカの経済雑誌『フォーチュン』日本特派員のアーチボルド・マクリーシュが、一九三六年(昭和一一年)の日本を評して使ったものだったのだ。一九三六年といえば、岸信介が少壮の商工省官僚として統制経済体制整備に辣腕《らつわん》を発揮し、それが認められて満洲国ブレーンとして迎えられた年である。マクリーシュは、岸が推進していたような政官財が一体化して協働し、国民がそれに大衆的に動員されて参加し、国民経済に対する国民的協力をおこなっていく体制を「日本株式会社」と名づけたのだ。そして、それと同じ体制が高度成長期の日本経済に見られたからこそ、ふたたび、この言葉が使われたわけなのだ。

このように、戦時統制経済と高度成長経済はつながっていた。

戦後、何が変わったのか

戦時統制経済と高度成長経済は連続しているという。だが、敗戦と戦後改革で、憲法も変わり、政治制度も経済制度も大きく変わったではないか。天皇主権が否定されて国民主権が宣言され、婦人参政権が認められた。労働組合法が制定され、団結権、団体交渉権、争議権も保障された。農地改革がおこなわれ地主制度が解体された。財閥解体がおこなわれ独占禁止法が制定された。民法が改正され、家制度が廃止された。そのほか、占領下でおこなわれた制度改革はいくらでも数え上げることができる。それだけ見ると、社会が大きく変わったように見える。実際、制度だけを見れば、大きく変わったのである。

だが、いくら制度が変わっても、その制度改革が社会の内部から起こったものでないならば、あるいは文化に根ざしたものでないならば、社会のありかたは簡単には変わらない。その場合、制度改革は、社会の内部からの動きあるいは文化と適合した方向にしか社会を変えないのである。制度が変わったのだから、社会の公式の場面、フォーマルなシステムの動きだけを見ていると、社会が変わったように見えるけれど、社会が実際に回っているのは、フォーマルなシステムによってではなく、むしろインフォーマルな具体的な関係によってなのである。そこを見ないと社会はわからない。

戦後の社会変化もそうである。公式には大きな制度改革がおこなわれたが、それは外から持ち込まれたものであり、したがって、戦前社会の内部から起こってきたもの、戦前社会の文化に適合した方向でしか社会を変えなかったのだ。

戦前日本には市民社会などなかったが、大衆社会はあった。民主主義などなかったが、大衆参加（大衆動員）はあった。個人主義も自由主義もなかったが、私的エゴイズムはあった。これは、4章「日本に『自由社会』などない」などでのべたとおりだ。

戦後の社会変化は、市民社会、民主主義、自由主義の名のもとに、実際にはこうした大衆社会、大衆参加、私的エゴイズムに沿って進んでいった。戦後民主主義や市民的自由の拡大を全否定するつもりはないが、現実には、民主主義といわれたものは、かならずしも自己統治社会をつくっていくのではなくて、基本的には大衆参加の拡大として実現されていったのであったし、個人主義や自由主義といわれたものも、自由な個の確立としてではなくて、欲望自然主義と私生活主義として実現されていったのだ。そして、滔々《とうとう》たる大衆社会化が進んだ。それは、地域共同体を最終的に解体していくものだった。

こうした変化、特に大衆社会化が急速に進んだのは、高度経済成長にともなう都市化を通じてであった。それは村落共同体を壊すとともに、都市に集まった人々を企業社会に包摂して、ムラ的な共同性を野口悠紀雄のいう「会社共同体」に転移させたが、このムラ的共同性のように見えるものは、まえに見たようにもはやかつてのムラではなく、「共同体らしく見えるもの」にすぎず、「〝個〟の自立はなくとも〝私〟や〝我〟だけが異常に発達した状況のもとで生まれた利害にもとづき離合集散が可能な組織」だったのである（岩本由輝「ムラの談合」、『現代の世相6　談合と贈与』小学館）。

6～8章ですでに見たように、日本の近代化は、前近代の身分制内部にあったムラのような自治的共同体は徹底的に解体していったのだが、同時に、それは自由な個の間の関係をつくりだす方向に行くのではなくて、物象的依存関係に適合して私的利益を追求できる新しい形の人格的依存関係をつくりだす方向に行ったのである。

戦中期には、そうした関係の場として、各種報国会・翼賛会のような近代的中間集団が上からつくられて統合された。そして、こうした社会関係が、今度は下からできてきたやはり近代的な中間集団を場としながら、戦前の天皇中心の社会のような権威主義的統合ではなくて私的エゴイズムを基盤にして、全面開花したのが戦後社会なのであった。大窪一志は『素描・1960年代』(同時代社)で、この点を次のようにのべている。

高度成長期の結合原理は、総動員体制期の「滅私奉公《めっしほうこう》」ではない。「お国のため」ではない。むしろ「滅公奉私」に近い「自分のため」である。個人的エゴイズムが基盤になっている。

それにもかかわらず、それが「個人の利益⇅中間集団の利益⇅国家の利益」という循環サイクルに乗っていくところに、その組織原理パターンの妙味があるわけである。これを戦中の「お国のため」の滅私奉公が「会社のため」の滅私奉公に代わっただけだというのでは、本質がつかめない。同時に、同じような認識から、「滅私奉公」が「滅公奉私」に逆転してしまったと嘆き、「公」をとりもどそうと叫ぶのも、また的外れなのである。戦中に「私」がなくて「公」のみが支配していたわけではない。「私」は、実は「公」に融け込んで、そのなかでのさばっていたのである。戦後に「公」がなくなって「私」のみがのさばっていたわけではない。むしろ「公」は「私」のなかに潜《もぐ》り込んで支配していたのである。

このように戦中総動員体制期と戦後高度成長期の組織原理はたがいに共通したところをもってはいるが、高度成長期の再版総動員体制は、戦時下の総動員体制期のような、「お国のため」という全体社会の共通目的を戴いた、非常時における国家理性に沿った上からの中間集団の組織化ではない。そうではなくて、「自分のため」という個人的動機から出発しながら、集団に共融されることが自分のためになると信じ、わが身がかわいいからこそみんなと手をつなぐという形で中間集団が組織化されていったのである。

だから、戦時統制経済と高度成長経済は連続していたが、手法において大きな違いもあったのである。ふたたび、『安倍晋三の敬愛する祖父岸信介』から引いておくと、

戦前の官僚統制が、天皇と軍部を背景にして権威主義的におこなわれるハードな統制であったのに対して、戦後の官僚統制は、そのような権威と権力をバックにすることはできず、もっぱら、予算措置、補助金、優遇税制、許認可制度、行政指導などを通じたソフトな統制にならざるをえなかった。

また、戦後初期は、財閥解体や過度集中力排除といった、自由経済体制の導入が盛んに図られたこともあって、統制経済が否定されているような趣《おもむ》きもあった。だが、それは力点の違いであって、統制の否定ではなかった。むしろ、経済復興の手段としては

統制が広範に用いられ、戦中以来の統制官僚が活躍したのである。

そのような手法の違い、力点の違いはあっても、官僚と財界、つまりは国家と独占資本が結合して、国家は独占資本に独占利潤を保証し、独占資本は国家利益に貢献するという国家独占資本主義の体系ができあがっていった点では戦前と同じなのである。

土建業界についても基本的に同じであった。だから、国策談合の時代に形成された官僚統制と業界自治の関係はそのまま継承されたのである。

■官僚統制と業界自治、持ちつ持たれつ

戦争中にできた労務報国会や軍建協力会・海軍施設協力会とその発展形態である戦時建設団が、戦後はそのまま横滑りして土木建設の業界団体として、中央にも地方ごとにもつくられた。戦後は、戦争中は、統制経済の下で談合はやり放題だったわけだが、戦後、統制が解除されればそうはいかない。けれど、官庁との関係は基本的に変わらないから、談合は、非公然なものになっただけで、業界団体を通じて相変わらずどんどんおこなわれた。

敗戦直後の一九四五年(昭和二〇年)一一月には、早くも木曜《もくよう》倶楽部という談合組織ができている。また、戦前の談合組織だった花月会《かげつかい》が翌四六年復活し、水曜会《すいようかい》と名前を変え

て動き出した。そのほかに地方ごとにも親睦団体と称して談合のためのクラブがつくられた。こうして、土建業界あげて、談合組織が再建されていった。

まえに見たように、戦争が始まるとともに談合屋は必要なくなった。官や軍の肝いりで公然と談合ができるようになったからで、それによって、談合の世界から顔役《かおやく》も金筋《きんすじ》も新聞屋もいなくなった。戦後も同じである。水曜会の中心になった大倉土木の西田真一郎によると、戦後の談合は「第三者を入れない、飲み食いを絶対やらない、出し金をいっさい出さない」を原則に始まったという（『日本土木建設業史』の座談会）。それは、戦後の談合が、官と協調しながら、「近代的」な「カルテル」のような包括的な協定をおこなう場として発足したことを示している。そして、戦時体制ではなくなったにもかかわらず、官僚主導の事実上の統制復興経済、統制成長経済をめざしていた経済官僚にとって、そのような官との協調を前提とした業界「カルテル」は「よい談合」として歓迎されたのである。

こうして、経済学者の武田晴人がのべているように、「敗戦から経済復興を通して統制が廃棄され、反対に独占禁止法が制定されるという、全く逆方向の条件になったにもかかわらず、談合は『よい談合』もあるという『業界の常識』とともに生き残ったのである」（『談合の経済学』集英社文庫）。

もちろん、官庁と業界との関係は、戦中と同じではない。権威主義的なハードな統制から自由主義的なソフトな統制に変わった。しかし、官僚統制と業界自治が行政指導と談合・協定との結合を通じて相互補完しあいながら、国の産業政策と業界の利益追求が共存する構造は同じだった。この官僚の行政指導と業界の協定（談合、カルテル）との関係は、一九七四年（昭和四九年）に生産・価格カルテルを摘発された石油元売企業と当時の通産省（現在の経産省）との関係を見れば、よくわかる。

このいわゆる「石油ヤミカルテル事件」の裁判では、通産―業界関係の実態がかなりの程度まで暴露された。石油元売企業は、「みどり会」や「裏の営業委員会」と呼ばれる談合組織を通じて、数度にわたって各社の石油生産量と価格を協定する独禁法違反行為をおこなったのだが、このとき彼らは協定をおこなう度《たび》に、必ず「表の」営業委員会を通じて通産省の事前了承をとりつけていたのである。つまり、「通産省の行政指導に従った」という形を取りながらカルテルをおこなっていたのだ。これは、通産省がだまされたということではなくて、わかっていながら暗黙の了解をあたえていたということなのだ。

実際、カルテルのときに限らず、通産省は、原油生産や石油精製について、独自に情報やデータを集めて、国内における石油供給量や価格の試算をおこない、それに基づきながら石油元売企業を行政指導していたわけではないのだ。そうではなくて、情報やデータをあたえていたのは石油元売企業であり、通産省は、企業側がそうした資料に基づきながらおこなう説明を受けて、政策指導をしていた、というのが実態だった。だから、カルテルなどでも、うすうすわかってはいても、お墨付きをあたえるような格好になっていたのだ。そのため、石油ヤミカルテル事件では、被告の石油元売企業に対して、事前に「通産の行政指導があったことは伏せてくれ」と頼んでいるのである。

一方、石油元売企業のほうも、カルテルなどを「やらせてもらって」業界全体の利益を「適正に」確保したうえで、官僚の政策実行に協力していたのである。だから、石油ヤミカルテル事件でも、検察の取調段階では、それでは自分たちが被疑者として不利になるにもかかわらず、通産省の行政指導についてはいっさい明らかにしなかったのである。このように、業界の「産業自治」と官僚の「行政指導」とは持ちつ持たれつの関係にあったのだ。その実態は石油ヤミカルテル事件の裁判記録を読めば明らかである（たとえば、灯油裁判対策会議編『主婦たちの灯油裁判』花伝社）。こうした関係は、石油業界だけではなく、程度の差はあれ、あらゆる業界に見られたものであった。土建業界の談合もそうした関係の下にあった。

このような文化が高度経済成長を支え、推し進めたのだ。そして、それは、半面では、土建業界のような業者団体を通じた「産業自治」を相当な程度まで認めることを含んでいた。談合もその一環である。そこには、徳川時代のようなムラの自治に根ざしたものではないが、近代的な中間集団の自治に通じうるものがあり、「自治としての談合」が発展する可能性が含まれていたのである。

単なる談合なら無罪である

談合そのものを違法とする法規は長らくなかったが、戦争中の一九四一年（昭和一六年）に刑法が改正され、談合罪が導入された。規定は左のごとくであった。

偽計若《ぎけいも》しクハ威力ヲ用《もち》ヒ公《おおやけ》ノ競売《けいばい》又ハ入札ノ公正ヲ害スヘキ行為ヲ為《な》シタル者ハ二年以下ノ懲役又ハ五千円以下ノ罰金ニ処ス

公正ナル価格ヲ害シ又ハ不正ノ利益ヲ得ル目的ヲ以《もっ》テ談合シタル者亦《また》同シ

ここで注目しておくべきなのは、「談合はすべて違法である」という考え方を採らず、「公正なる価格」を害したり、「不正の利益」を得ようとしたりする行為だけを罰するという原則に立っていることだ。談合をやるのが悪いのではなく、談合の結果として、不公正な価格や不正な利益が実現されたら罰するといっているのである。つまり、「よい談合、悪い談合」を区別しているわけである。

これは、戦後、独占禁止法などの競争の阻害を排除する法規が制定されても変わらなかった。一九四〇年体制の構造、特に行政指導と業界自治の相互依存的結合に適合していたからである。官と協調した「よい談合」「よいカルテル」が民の業界自治の形を取っておこなわれることは望ましいことだったし、場合によっては、必要でさえあったのだ。だから、単に談合をやったというだけで有罪になることはなかったのである。その点で典型的な判決が、一九六八年（昭和四三年）に滋賀県草津《くさつ》市等の上水道工事に係わる入札談合事件に対して下された大津《おおつ》地裁の判決であった。

これは、上水道工事競争入札に際し、被告人業者がみずからを落札者とする協定を結び、ほかの入札者の入札金額を指示したとされる、実によくある談合事件だった。これに対して、大津地裁判決は、談合そのものは、「公の入札制度に対処し、通常の利潤の確保と業者の共存を図ると同時に完全な工事という入札の最終目的をも満足させようとする経済人的合理主義の所産」であるかぎり、否定されるべきものではなく、むしろ積極的に評価されるべきものととらえている。

そして、「公正なる価格」「不正の利益」については、機械的に談合がなければ実現されていた価格を「公正なる価格」としたり、それより高い価格で落札したなら「不正の利益」としたりするのではなく、そのような価格形成の妥当性については「実社会における経済人的合理的な常識」にまかせるべきで、「敢《あ》えて刑法の干渉すべきでないと見られるような取引生活にまで徒《いたずら》に刑罰をもって介入」することは「当然これを避けるべきである」としたのである。

このようにして、この判決は、過当競争を避けること、手抜き工事を避けること、叩き合いの出血価格を避けて通常の利潤を得ること、そのために業者がおたがいに協定をおこなうことを「経済人的合理主義」に基づくものとして、刑法が介入すべきではない、という判断を示したのである。

この大津判決は一審で確定したので、その後の談合をめぐる判断に大きな影響をあたえ、単なる談合なら無罪であるとする見解が広まっていった。そして、土建業界では、一九六〇年代末から七〇年代にかけて、中央でも地方でも、恒常的な談合組織が確立されていった。中央の談合組織は、戦後すぐにつくられた業界団体・土木工業協会（一九七四年に日本土木工業協会と改称）を舞台に、初代のボスは大成《たいせい》建設の木村平《きむらたいら》副社長、その後長くボスとして君臨したのは鹿島建設の前田忠次《まえだちゅうじ》、大成建設の岡田政三《おかだまさぞう》だといわれる。また、地方でも、都道府県の建設業協会などの業界団体を基盤に、有力企業による互選で会長が選ばれ、この会長が恒常的なまとめ役、行司役になって、談合がおこなわれた。このような恒常的談合組織の定着は、談合が、いわば企業団体の「団体権」として社会的承認を得ていくことを意味していた。

　このように談合が定着したのは、くりかえしていえば、それが一九四〇年体制の構造に根ざしていたからだ。そして、順調な経済成長が続くかぎり、この一九四〇年体制は安泰だった。しかし、右肩上がりの成長を保証する経済環境が崩れ、それに応じて政治状況も変化してくるにつれ、この構造は転換を余儀なくされていき、したがって談合も様変わりしていかなければならなかったのである。その様変わりは、一九七二年（昭和四七年）の田中角栄内閣誕生から始まっていった。

11 談合を変えた田中政治

■「土建国家」の誕生

一九四〇年体制の下《もと》で定着してきた談合の構造が変わるきっかけをつくったのは、一九七二年(昭和四七年)に内閣総理大臣に就任した田中角栄だった。

それまで戦後保守政権をになってきたのは、吉田茂(首相在任一九四六〜四七年、一九四八〜五四年)、岸信介(同一九五七〜六〇年)、池田勇人(同一九六〇〜六四年)、佐藤栄作(同一九六四〜七二年)と続いたエリート官僚政治家であった。それに比べると、田中角栄は、高等小学校を卒業しただけのノンエリートで、戦中に田中土建工業を設立して土建屋から成り上がってきた党人政治家だった。

一九六〇年代から政権党の内側をつぶさに見聞してきた元参議院議員の平野貞夫《ひらのさだお》(東日本国際大学客員教授)は、この田中角栄という政治家は、「貧困の解決を原点としながら、戦後民主主義の地割れの中から跳び出してきたような政治家」だという。そして、「コンピュータ付きブルドーザだったが、コンピュータは付いていても、残念ながら自動制御装置が付いていなかった」と評している。

そういう政治家だった田中角栄は、首相就任前から策定してきた国土再開発計画「日本列島改造論」をひっさげて政権の座に就《つ》いたのだ。この日本列島改造論は、日本各地を新幹線と高速道路という高速交通網で結ぶことで交通、運輸を活発にし、それを使って工業再配置を促進して、ヒトとカネを巨大都市から地方に逆流させるという「地方分散化」戦略であった。田中は、自著『日本列島改造論』(日刊工業新聞社)でこう書いていた。

> 九〇〇〇キロメートル以上にわたる全国新幹線鉄道網が実現すれば、日本列島の拠点都市はそれぞれが一～三時間の圏内にはいり、拠点都市どうしが事実上、一体化する。新潟市内は東京都内と同じになり、富山市内と同様になる。松江市内は高知や岡山などの市内と同様になり大阪市内と同じになる。
>
> 人口と産業の大都市集中は、繁栄する今日の日本をつくりあげる原動力であった。しかし、この巨大な流れは、同時に、大都会の二間のアパートだけを郷里とする人びとを

輩出させ、地方から若者の姿を消し、いなかに年寄りと重労働に苦しむ主婦を取り残す結果となった。このような社会から民族の一〇〇年を切りひらくエネルギーは生まれない。かくて私は、工業再配置と交通・情報通信の全国的ネットワークの形成をテコにして、人とカネとものの流れを巨大都市から地方に逆流させる〝地方分散〟を推進することにした。

豪雪地帯の新潟県長岡《ながおか》出身で貧乏人のせがれだった田中にとって、「裏日本」と呼ばれて常に日陰に追いやられてきた地方の貧困をなくすことは、政治家としての原点であり悲願であった。そして、その悲願を達成しようとした列島改造計画は、現実に地方を活性化させ、開発ブームを呼ぶ中で、土建需要も一気に拡大したのであった。

すでに一九七〇年ころに、経済循環の上では高度成長を持続する条件は失われていたと経済学者はいう。その中で、この開発ブームは、国家資金投入によって、終わりかけた高度成長を無理やり持続させようとするものでもあった。そのために、公共投資は増大し、以後、公共投資によって景気を支える関係が常態となっていく。

このような開発ブーム、公共投資の増大が日本全国各地方の地場の土建業を変えていったのである。そこに生まれた日本の状態は「土建国家」と呼ばれた。

■セイフティネットとしての土建業

そもそも都市のみならず農村地域まで全国各地域に土建業が行き渡ったのは、一九三〇年代初めの昭和恐慌、それが引き起こした農村恐慌のときだったといわれる。一九二九年（昭和四年）の世界恐慌が波及して、ちょうど翌年に金解禁に踏み切った日本経済は、この年から大不況に見舞われたのである。一九二九年から三一年の間に国民総生産が一八％、輸出が四七％も減少し、失業者が急増した。農産物価格も暴落して、当時の農村商品経済を支えていた繭《まゆ》の価格が三分の一に下落するなど、深刻な農村恐慌が全国の農村を襲い、しかも不況で失業した労働者が郷里の農村に逆流し、農村をさらに疲弊させた。これに対して、農村に何らかの事業を興《おこ》すことが求められ、急遽《きゅうきょ》採られた措置が「救農土木事業」政策だったのである。

明治中頃の産業革命期に地方にも土建業が興っていったが、いつも需要があるわけではないから、自然に淘汰《とうた》されて衰えていった。そして、娘の身売りや欠食児童、一家心中が頻発したこの農村恐慌のとき、一九三二年（昭和七年）に緊急対策として救農土木事業が展開されたことで農村土建業が甦《よみがえ》ったのだ。貧窮した農民に手っ取り早く現金収入を得させようと、公費で道路や橋梁《きょうりょう》の建設、改修などの土木工事をおこなって、農民を就労させるという緊急対策が採られたわけだが、この対策を実行するためには、仕事を請け負う業者が必要だから、あらためて町や村に土建業が興された。このとき、全国津々浦々の町や村に土建屋ができたのだという。

私の父親である寺村《てらむら》組組長・宮崎清親《きよちか》が土建業を興したのも、そのあとまもなくのことである。父が生まれ育ったのは、京都府綴喜《つづき》郡井手《いで》村（現・井手町）の被差別部落だったが、そのころから、土建屋とヤクザは、農村被差別部落のどこにでも見られるものとなったし、この土建屋とヤクザは私の父親の場合のように、しばしば同一人物のうちに重なっていた。

そして、そういう村にとって土建は部落産業の中核の一つになったのだ。農業がうまくいかなくて困ったり、あぶれて仕事がなかったり、どうしてもカネが必要だったりするときには、ヤクザの親分か土建屋の親方のところに行けばいい。たとえどうしようもないような仕事であっても、かならずなんらかの仕事にありつくことができた。落ちこぼれて、そのままでは犯罪に走ることでしか生きていけないような若者も、土建屋なら就労することができた。不況と失業、そんななかで農村社会が崩壊しようとしたとき、それを防ぐセイフティネットとして作用したのは、地場《じば》の土建業だったのである。

村役場などの行政も、土建屋を使って公共事業を供給することを通じて、地域経済の崩壊を防いできたのだし、地域に不就労者があふれて社会的アノミー（無秩序、混乱状態）

が発生するのを防いできたのだ。これは、農村地帯だけではない。地方都市にも広く見られたことであった。地域の土建業は、そういうものであったから、村役場、町役場と密着していた——そういいたいのなら「癒着していた」といってもいい——し、そこから来る公共事業をどう配分するか、業者の間で日常的に談合をおこなってきたのである。

だが、それはセイフティネットとしての「癒着」であり、セイフティネットとしての談合だったのだ。だから、仕事自体も、いまでいうワークシェアリングがおこなわれていて、高齢者や身体障害者などの弱者も、現場のかたづけや掃除といった、彼らでもできる仕事を割り当てられて、少ないものではあったが、賃金を得ることができていたのだ。

田中がつくった「土建国家」は、このセイフティネットを高度成長後の地方各地に広げるものであった。

政・官・民の関係を変えた田中政治

農村恐慌のとき救農土木事業として興された地域土建業は、不況対策、失業対策といった消極的なものだったが、田中内閣の日本列島改造計画にともなって興された地域土建業は、高度成長維持と国土改造という積極的な意味をもつものだった。だから、より大規模で構造的なものであり、「土建国家」と呼ばれる状態までもつくりだしたのだ。そして、このようなものだったから、国家のしくみを大きく変えることにもなったのである。

たとえば、田中角栄が政権に就くずっと前に、みずから考案して成立させた「道路整備費の財源等に関する臨時措置法」は、ガソリン税を道路建設の財源にするという、当時にすれば破天荒な発想で、道路建設の財源を確保したものだった。田中内閣時代には、これをふまえて「日本道路公団」「首都高速道路公団」などの特殊法人が設立されたのである。それがいまや役割を終えて解体されたわけだが、こうした発想は、従来の官僚政治家にはないものだったし、また従来のエリート国家官僚がもっていた常識の域を踏み越えるものだった。こういう政策を連発しなければならなかった田中にとっては、従来とは違うタイプの官僚を自分の下に結集し、また養成していく必要があった。

田中は首相になるまでに、郵政、通産、大蔵の各大臣を歴任しているが、大臣在任中、各省の若手エリート官僚のなかから、自分の構想を理解して政治的に動ける有能な人材を発掘し育成することに心がけた。そのような人材のなかからのちに大物政治家になった人間としては、大蔵省の山下元利《やましたがんり》(のち防衛庁長官)などがいるが、むしろ、官僚にとどまって官僚機構のなかから田中政治を支えた人間が多い。

田中の秘書だった早坂茂三《はやさかしげぞう》によると、「田中は、役人の正、負の特徴を仔細に知り、以後、手足のように彼らを動かした。役人の苦手なアイデアを提供、政策の方向を示し、失敗しても、責任を負わせることはしなかった。心から協力してくれた役人は、定年後の骨まで拾った。入省年次を寸分違《すんぶんたが》わず記憶し、彼らの顔を立て、人事を取り仕切った。角栄についていれば損はない。角栄の経験、才幹と腕力、それに役人の知識、ノウハウがドッキングして、相乗効果を発揮した」という（『駕籠《かご》に乗る人・担《かつ》ぐ人』祥伝社）。そして、政府と官僚機構をつなぐキーマンである事務担当の官房副長官に警察庁の後藤田正晴を据えた。後藤田は、田中の懐刀《ふところがたな》として辣腕を発揮していくことになる。

平野貞夫に聞くと、それまでの岸人脈に典型的な官僚は、官僚としての厳格さと私としての非倫理性が共存していて使い分けられているような二重人格の人物が多かったが、田中が新たに抜擢した官僚は、ホンネとタテマエが分離せず、裏表がなく人がいい分だらしないという愛すべきだが困ったところのある人物が多かったという。

田中角栄は、このようにして官僚機構のなかに自分の手足をつくりだしながら、あくまで政治家主導で官僚機構を駆使することを追求した。そのために田中たちがつくりだした集団が、いわゆる「族議員」である。

族議員は、政官癒着と利権の象徴のようにいわれたが、もともとそうであったわけではない。前にふれたように、建設族・道路族、農林族、郵政族、文教族、厚生族・社労族、国防族、商工族など省庁ごとに組織された議員集団は、専門分野についての知識と見識を身につけ、情報を集約することを通じて、官僚の行政的な観点とは別の政治的な観点から、一貫性をもった政策立案・遂行を進めていく政治家集団であり、政治家として、その分野におけるさまざまな社会的弱者に対する施策を政策に盛り込んでいくことなどを通じて、官僚主導の統治に対して政治的なチェック機能を果たすものだった。初期の族議員を代表する大蔵政務次官の山中貞則《やまなかさだのり》、厚生政務次官の橋本龍太郎などは、大蔵主税官僚や厚生官僚が舌を巻くほどの政策通として恐れられたものだった。そして、これらの族議員を基盤としながら、自民党の政策部会である政務調査会は、現在とは比較にならないくらい大きな政治力を官僚機構に対して行使していたのである。

官僚機構に対する田中の勝利を象徴したのは総理府の外局・国土庁の新設だった。田中は、新しい庁をつくるという大胆な手法で、大蔵省の予算編成権に挑戦して、列島改造の原資と実行部隊を確保したのである。大蔵省、そして彼らの予算編成権こそが官僚支配の核心であったことを考えるなら、これは戦後官僚政治への強烈な痛打にほかならなかった。それは、画期的なことだったのは間違いない。ジャーナリストの新野哲也《にいのてつや》が次のようにのべているとおり、革命的なものだったのだ。

「官僚政治の元凶は官による国家予算の独占的な掌握だったのであり、角栄は、この権限を官から奪回することによって戦前から戦後に亘《わた》って長く日本を支配してきた旧体制を打

一九七二年七月、田中角栄が首相に就任した。土建業から成り上がった田中は、日本を「土建国家」に変え、利権と癒着の構造を生んだ。それにより日本の談合も変質する。（写真／共同通信）

破しようとしたのである。これはほとんど革命といってよいほどの大きなシステム変更である」（『だれが角栄を殺したのか？』光人社）

こうして戦後保守政治の主流だったエリート官僚政治家による支配を打破した田中政治は、官僚に対する政治家の優越をつくりだしながら、エリート官僚がないがしろにしてきたノンエリートの要求を大衆社会から汲み上げて統治に取り入れることによって、官僚主導だった政官民関係を変えていったのだ。これは一九四〇年体制を引き継ぎながら、それに重要な変更を加えるものとなった。そして、これによってみずからの主導権を奪われたエリート官僚と官僚政治家は、官僚支配崩壊の危機に狼狽《ろうばい》し、反田中の怨念に燃えた。

■「田中金権政治」とは何だったのか

田中政治の目標は、大衆社会を底上げすることで、大衆の欲望を満たし、それを通じて経済を活性化することにあった。その基本的な構図は高度成長期の政治目標と同じだが、それまで経済がいくら成長しても陽が当たることがなかった人たち――田中角栄自身がかってはその一人だった――の生活を向上させようというところに政治の焦点を当てたのが田中政治だった。

私は、一九七〇年代の初め、『週刊現代』の記者として田中派の取材をかなり突っ込んでやったことがある。そのときの結論として、田中角栄はもちろん、当時の田中派の中心メンバーは、本気で日本の庶民を幸せにすることを考えていると思った。そして、「貧乏人が幸せになれる政治」としては共産党や社会党といった革新政党のそれより、田中政治のほうがずっとリアリティがある、と思ったものである。その田中政治のリアリズムは、大衆自身のリアリズムでもあった。だから、大衆は「庶民宰相」「今太閤《いまたいこう》」としてこぞって田中角栄に期待を寄せたのだったろう。

そして、そのリアリズムの核心は、カネにあった。

首相就任のとき椿山荘《ちんざんそう》で開かれた祝賀会で、角栄の前に立って花束を捧《ささ》げた二人の女の子に対して、満面の笑みを浮かべて花束を受け取った首相は、懐から財布を取り出すと、二人に一万円札を一枚ずつ渡した。これを見とがめた連中に田中は言い放ったという。

「この世の中で、一番大事なものは命だ。次に大事なものはカネだ。今日は、私の人生の中で一番嬉《うれ》しい日だ。その嬉しい気持ちを表すのに、命の次に大事なものをあげて、なにが悪いんだッ！」

このリアリズムは大衆のリアリズムであり、そのかぎりにおいてまったく正しい。しかし、これはストレートに国政の論理とするわけにはいかないものだった。国家の政治においては、このリアリズムを基礎にしながらも、それを民主主義としてどう実現するかが問われていたのである。だが、田中は、そういう方向に田中政治をもっていくことはできなかった。大衆の欲望と、それを満たすためのカネ――くりかえすが、それ自体はリアリティをもっている――を基準とする政治を抜け出ることができなかったのである。

「政治は力なり。力は数なり。数はカネなり」――これは田中自身の言葉だが、田中政治の優れたところもダメなところも、すべてここに集約されるものだった。田中は、カネ集めに狂奔し、さまざまな利権と癒着の構造をつくった。それは「金権政治」と呼ばれた。

だが、政治家のカネ集めは、何も田中角栄に始まったものではない。田中よりも巨額のカネを集め、それで政治を動かした政治家はいくらでもいる。ただ、彼らは自分の手を汚さずにそれをやることができたが、ノンエリートの田中はみずから泥まみれになってカネを集めなければならなかったという違いがあっただけである。

その点で、岸信介と田中角栄の資金調達法は、対照的である。

岸信介も「政治は力であり、金だ」といっている（吉本重義《よしもとしげよし》『岸信介傳《でん》』東洋書館）。この点では田中角栄と同じである。だが、岸は同時に、「利権に結びついた金を政治資金としてもらってはいけない、……戦後はたとえばすぐ現金取引をやるから、これはいかんと私は言うんです。平生この人の世話をしているということから、こっちが要る場合に、あなたのほうで選挙費の一部に使ってください、と献金されるなら受けろ」といっているのだ（岸信介・矢次一夫《やつぎかずお》・伊藤隆《いとうたかし》『岸信介の回想』文藝春秋）。これが岸の有名な「政治献金濾《ろ》過《か》」論である。

話は満洲《まんしゅう》時代にさかのぼる。岸は、満洲国国務院産業部を牛耳《ぎゅうじ》った三年間で、当時高《たか》松宮《まつのみや》側近だった細川護貞《ほそかわもりさだ》によれば「在任中［当時の金で］数千万、少し誇大に云《い》へば億を以《もっ》て数へる金を受けとりたる由《よし》」（細川護貞『情報天皇に達せず』下、同光社磯部書房）というが、その巨額のカネは、満洲国産業の中枢をになっていた鮎川義介《あゆかわよしすけ》の日産《にっさん》のような特殊会社が、黙っていても岸のところにもってくるものだったのだ。足のつかないカネ――これを岸は「濾過器を通ったカネ」といっていた――を黙っていてももってくるような関係を「政策遂行」を通じて企業との間につくりだすこと、これこそが政治資金調達の正統なやりかただというのだ。岸は、次のようにいっている。

「諸君が選挙に出ようとすれば、資金がいる。如何《いか》にして資金を得るかが問題なのだ。当選して政治家になった後も同様である。政治資金は濾過器を通ったものでなければならない。つまりきれいな金ということだ。濾過をよくしてあれば、問題が起こっても、それは濾過のところでとまって政治家その人には及ばぬのだ」（武藤富男《むとうとみお》『私と満州国』文藝春秋）

こういう芸当はエリート官僚政治家だからできることであって、叩き上げの元土建屋・田中角栄にはとうていできない。「利権に結びついた金を政治資金としてもらってくる」しかなかったのである。というか、岸たちにしても、そういう「利権に結びついた金」集めだってやっていたのだけれど、自分で直接はやらずに、三木武吉《みきぶきち》とか大野伴睦《おおのばんぼく》とか汚れ役を引き受ける側近がいて、彼らが児玉誉士夫《こだまよしお》、笹川良一《ささかわりょういち》といった岸と戦中からつながりのある裏社会のボスを媒介にしてやっていたのである。そして、田中角栄自身、佐藤栄作政権時代には自民党内でそうした汚れ役をやって、利権がらみの政治資金集めをやってきた人間でもあった。

田中金権政治とは、濾過器をもたず、汚れを自分で負うしかなかったノンエリートが、従来からあったカネ集めのやりかたをむきだしにせざるを得なかったものにすぎない。しかし、それはカネを通じた政治家と企業との関係をより直接的であからさまなものに変えたのである。それによって、田中政治は、大衆政治であるとともに利権政治となった。

■西松建設と「かんぽの宿」

政治資金集めの田中方式と岸方式の違いは、利権ビジネスのやりかたの違いでもあり、それが談合のありかたにも影響をあたえてくる。その影響を見る前に、田中方式と岸方式の違いをもう少し具体的に見ておこう。それは二〇〇九年春に問題になった、当時の民主党代表小沢一郎《おざわいちろう》の政治団体陸山会《りくざんかい》に対する西松建設の政治献金問題と、「かんぽの宿」払い下げをめぐる疑惑問題との対比に通ずるものがあるのだ。

西松建設の献金問題をめぐる利権は単純なものである。

自分たちの業界の利害に影響をあたえられる政治家に対して、企業が、企業としてであれ、政治団体を通じてであれ、政治献金をおこなって歓心を買おうとするのはあたりまえの行為である。営業活動として必須のことであって、そういうことをやらないほうがおかしい。私も、一九八〇年代に地上げをやっているころには、自民党の政治家にずいぶんと政治献金をした。「カネで動かん者はおらん」というのが、この業界の鉄則で、実際それは一〇〇％実証されていたのだから、やらない者がアホなだけだ。関係者がこれを倫理に反することだというのは、ほとんど、実態を知りながらしらばっくれて正義派ぶっているカマトト的態度だといっていい。

ただ、そこに請託《せいたく》があり受託があれば、贈収賄になるから、それは犯罪である。そうでなければ、いくら結果的に政治献金の効果が出て企業が得をしようが、それによって献金が違法だとか不当だとかいうことはできない。小沢一郎の第一秘書逮捕問題は、この贈収賄に該当するものではなく、政治資金規正法上の表記手続問題である。問題は、小沢が政治献金を受けた新政治問題研究会、未来産業研究会という団体が西松のダミーだったのか、またそれを小沢側が認識していたのか、という点にしかないとされている。しかし、小沢側としては、どのような認識をもっていても、表記上は、実際に金を振り込んできた団体名を書くしかない。この法律上の問題が問われるべきだと思う。

西松建設問題の本質は、小沢への政治献金問題ではなくて、その前に暴露された裏金問題にある。そして、これは田中政治がもたらした構造的な問題に連なっている。これについては、あとでのべる。

それでは、「かんぽの宿」をめぐる利権とはどういうものだったのか。

「かんぽの宿」払い下げに関しては、この払い下げに関わる利害関係者が初めからつるんでいたという、いわば「窮極の談合」事件なのだ。この場合の「談合」とは、もちろん入札談合のことではない。彼らが刑法にいう「公正ナル価格ヲ害シ不正ノ利益ヲ得ル目的ヲ以テ」相談しあったということである。つまり、構造改革で業界自治としての入札談合を潰《つぶ》した結果、権力トップ周辺の癒着としての談合が復活したということなのである。「かんぽの宿」の売却をオリックス・グループが落札するに至る過程を精査すると、そこには、構造改革推進の政治家としての竹中平蔵、民営化推進の日本郵政（半官の特殊会社）社長である（半）官僚としての西川善文《にしかわよしふみ》、規制緩和部門への新規ビジネス参入を進める民間のオリックスの前会長である宮内義彦《みやうちよしひこ》という、政権中枢に関わっていた利害関係者の三人が、当初から行政改革推進本部や総合規制改革会議をはじめとするフォーマルな機関をいっしょに牛耳りながら、おそらくはインフォーマルにも意を通じ合って、それぞれの個別の利害が一致するところで公益事業の民営化を進め、おたがいの利益を保障しあっていたという政官民共謀の構図が、浮かび上がってくるのである。これは、出来レースのインサイダー取引にほかならないのではないか。

ジャーナリストの東谷暁《ひがしたにさとし》は、「竹中平蔵、西川善文、宮内義彦三氏の『お仲間』資本主義」（『文藝春秋』二〇〇九年四月号）で、「かんぽの宿」疑惑の利権構造を分析したうえで、次のように結論づけている。

小泉政権が推進した構造改革は、政官業の「鉄のトライアングル」を打破し、「民ができるものは民に」をスローガンに市場原理を最大限に発揮させて、フェアな社会を実現しようというものだった。しかし、激しい混乱の末に出来上がったものは、規制緩和や民営化を推進した一部の者たちによる新たな「インサイダー・トライアングル」だった。しかもそこには、常に「外資」の影が付きまとっている。改革とは一体何だったのだろう。

その通りだと私も思う。そして、このようなインサイダー・トライアングルは、田中政治以前の岸型利権構造に特徴的だったものなのだ。

岸信介が満洲国国務院産業部のトップだったころ、満洲国における重要政策は、木曜会という最高政策決定会議において決定されていた。この会議は、満洲国における「政」にあたる関東軍代表、「官」にあたる国務院代表、「民」にあたる有力企業代表の三者によって構成されていた。そして、そこに参加していた企業は、今後、満洲国においてどのような産業政策が採られ、どのような開発がされるのかを知ることができた、というよりみずから決めることができたわけだから、インサイダーとしての利得を取り放題だったわけだ。そして、彼らが政治家や軍人に資金面で協力していたことはまちがいない。それが岸のいう「濾過器を通った資金」である。

戦後、東南アジアへの進出を主導した岸は、その進出を推進する機関として満洲以来の人脈によるマシーンを使った。それによって賠償ビジネスのインサイダー・トライアングルが、日本政府・相手国政府・日本大企業の間に出来上がっていたのだ。岸ら政治家が、日本政府を動かして、たとえばヴェトナムへの賠償の名目で、ダム建設をおこなうことにして、無償援助の予算をつけさせる。土木大企業は、すでにそれを先取りして、ヴェトナム傀儡《かいらい》政権とダム建設の交渉をしている。そして、建設費をはるかに上回る見積もりをして、日本政府からカネを引っ張り、何百億もの差額を裏金として、トライアングルの三者で分ける――という具合である。一九五七年（昭和三二年）に南ヴェトナム政府と合意されたダニムダムの建設では、実際に当時のカネで二〇〇億の使途不明金が出ている。

小泉構造改革なるものが田中政治を清算したあと、政権党の利権のありかたは、この岸方式にもどっているのだ。その復帰のあらわれの一つが「かんぽの宿」払い下げのインサイダー・トライアングルなのである。

■田中政治によって談合はどう変化したか

それでは、田中政治が生み出した利権の構造とはどういうものだったのか。

田中は、土方として働いていたときの土木工事現場の声を借りて、「土方土方というが、土方はいちばんでかい芸術家だ。パナマ運河で太平洋と大西洋をつないだり、スエズ運河で地中海とインド洋を結んだのもみな土方だ。土方は地球の芸術家だ」といっている（田中角栄『私の履歴書』日本経済新聞社）。これも田中角栄のリアリズムであり、彼が土建の親方としてのメンタリティをもっていたことを示している。そして、田中政治が生み出した利権は、いわばこのような土建の親方が成り上がって政府のトップに座ったことによってもたらされたものといってよい。

日本列島改造論によって、国土開発ブーム、公共投資の急増をもたらした田中政治は、それによって土建業界のパイを大きなものにした。そして、以後、このパイを維持することによって景気を支え、成長を維持する構造を定着させたのである。特に産業基盤の脆《ぜい》弱《じゃく》な地方における地域経済は、この構造に大きく依存するようになっていった。

これは政治によって人為的につくりだされたパイである。したがって、それをつくりだした政治家のまわりに利権ができる。それは、岸信介のようなエリートが利権をつくりだしたときと同じである。だが、岸のように当初から支配階級、資本家階級のサークルとして人脈、金脈を形成し、それを不可侵の利権サークルとしていたエスタブリッシュメントとは違って、田中はそれを自力で下からつくらなければならなかったから、その利権はエリートの間の利権ではなくて、大衆化された利権となった。二〇〇億円ドンと抜くというような利権ではなくて、業界全体から薄く広くかきあつめてくる利権である。

田中角栄自身は、権力を獲得してからは、岸型の「ドンと抜く」収賄利権も行使したが、田中派全体としては、のちの金丸信《かねまるしん》（宮沢喜一《みやざわきいち》総裁の時の自民党副総裁）のやりかたに典型的に示されるように、業界の談合やカルテルに加わる企業に対して、利益をできるだけ公平に分配しながら、薄く広く資金を集める方式だった。これは一九八七年（昭和六二年）末に成立した竹下登政権のころに一般化され主流となった。談合による分配を前提にして、個別の下請や孫請の企業からも月一万円とか会費のように集めるのだ。これだと贈収賄罪に引っかかる恐れがない。つまり、大衆化された利権である。それが田中政治のつくりだした利権の特質だった。その意味では、確かに「土建国家」は「利権国家」につながっていた、といえるかもしれない。

このような利権の構造が談合のありかたを変えることになっていった。談合は、政治によってもたらされた再分配のパイをどう分けるかという性格をもつようになっていったのだ。これは単なるビジネスのための談合の域を超えた政治的な性格をもつものとなっていく。当然、政治家が談合に介入し、あたかも上納金のように政治資金を集めることができるという利権を享受するようになっていくのである。

同時に、その利権は、公共事業をおこなわせることによって生まれるわけだから、官との密接な関係の下で進められていくことになる。そうすると、やがて政治家と官僚との癒着が生まれていくことになる。さらには、そのような政官の癒着が深まる中で、個別企業だけではなく業界全体がそこに巻き込まれていき、利権の分け前を得るために癒着に加わっていくことになっていった。こうして、政官民の癒着構造ができあがり、談合は、この癒着関係を回していくための役割をになうようになっていったのである。田中政治が談合を変質させたのだ。では、どのような変質だったのか。

12 自治型談合から癒着型談合へ

■「富の再配分」のために

一九七二年（昭和四七年）に田中内閣が成立したころには、「一九四〇年体制」のもとで、すでに談合は日常的なものとして定着していた。都道府県ごと、大きな市には市ごとに土木工業協会とか建設業協会とかいう業界団体があるが、そうした業界団体の事務所で、「研究会」「研修会」などの名目でしょっちゅう談合がおこなわれていた。

田中内閣以降には、公共事業を通じて地域経済を活性化させる方式が定着したから、地方自治体では、公共事業をゼネコンに出すものと地元業者に出すものとにあらかじめ区別して、それぞれに知らせるようになっていった。そこで、地域ごとにゼネコンはゼネコンで「葛会《かずらかい》」とか「花実会《はなみかい》」とか適当な名前を付けた親睦会をつくって、ゼネコンだけの談合をし、地元業者は地元業者で従来通り「研究会」「研修会」で地元業者だけの談合をするようになった。

公共事業は、地域経済活性化のために計画されるものになっていたから、ゼネコンでなければ落札できないような大型公共事業についても、地元にカネが落ちるようにしたい。そこで、地元業者もゼネコンとジョイントベンチャーを組んで参入できるような仕組みをつくった。ゼネコンに対しては、おまえのところに落札させてやるから、地元にも利益を還元してやれよ、というわけである。そういうものだから、場合によっては、地元業者は名前を連ねるだけで実際には仕事はしないで利益配分は受けるというケースもあった。どの企業がゼネコンとジョイントベンチャーを組むかは、もちろん談合で決めた。

いつどんな公共工事がおこなわれるかは、数年前からわかっている。どこに学校を建てるとか、どこに地下鉄を敷くとかいうことは急に決まるものではなく、前から決められていて、順に予算をつけていくものだから、大型な公共事業となると、一〇年前から決まっているものだってある。予算を議会で通さなければならないから、基本的な図面はすでに引かれているし、工事費も概算で積算されている。三〇億ぐらいとか五〇億くらいとかおおざっぱなものだけれど、わかるのである。

だから、具体的な落札価格はともかく、この工事はどこがどれくらいの金額でやるのかは、ずいぶん前から談合で決められているのだ。それが地元企業の営業計画の中にちゃんと組み入れられているのだ。これには、当然、地域金融の中心である地方銀行もからんでいる。地銀も、それを見込んで、融資計画を立て、カネを回す算段をしているのである。

このようにして、土建の談合は、単なる民間の入札談合ではなくて、公共事業を通じておこなわれる富の再分配を、地域経済の中でどのように具体化していくのかを決める一連の話し合い、根回しの一環になっていたわけである。この再分配回路はどんどんシステム化されて地域経済秩序として確立されていったのである。談合は、その回路の中でなくてはならない役割を果たしていた。

このような地域経済のシステム化にともなって、地域経済だけではなく地域政治もシステム化されていき、市議・都道府県議・国会議員のタテの秩序、政治家・企業・役人のヨコの秩序が形成されていく。このタテ線・ヨコ線は、自民党の集票組織の二本柱でもあった。地域の小ボスから始まって国会議員までピラミッド型に積み重ねられていくタテ型の集票組織と、地域の利益団体・親睦団体などを網の目のようにつないでいくヨコ型の集票組織がそれである。

戦前以来の地域名望家《めいぼうか》による地域のとりまとめができていたうちはタテ型が主になっていたが、地域共同体が崩壊していくにつれ、都市を中心にこれが機能しなくなっていって、ヨコ型への依存が強まっていくと、地元業者などの組織を組み込むことがますます重要になっていった。そして、そうした経済的・政治的システムに官も組み込まれていって、たとえば天下り先の確保などの利権が生じていったのである。

そうなってくると、このような地域経済・政治システムを裏でまわしていくマシーンが自然に出来上がっていく。こうして裏方のボスが生まれてくるわけだ。私が商売をしていたころの京都の場合、それが京都自治経済協議会理事長という肩書きをもつ山段芳春《さんだんよしはる》だった。山段は、京都信用金庫をバックにフィクサーとして擡頭《たいとう》し、政界、財界、官界、医師会、労組、府警、検察に至るまで京都のあらゆる分野に幅広いネットワークを形成して、老舗《しにせ》ヤクザ会津小鉄《あいづこてつ》とも結びついて裏世界と表世界を結ぶフィクサーとなった。一九八〇年代中頃に野中広務が後を継ぐまで京都の影の権力として裏のマシーンを回していた山段は、「京都の田中角栄」と呼ばれていた。

一九七〇年代以降、どの地方においても、山段のような大物フィクサーではなくても、このような裏方のボスや影の実力者が存在していて、地域の裏経済・裏政治の運営にいそしんでいたにちがいない。

そして、システム化が進むと、国と自治体を一体化した包括的な官の談合システムができるようになる。これがのちに暴露される「官官接待」につながっていく。こうして、政も官も民も、どれだけの工事が発注されれば、どれだけで受注され、落札者はどれだけ利益が上がって、どれだけの裏金がプールされるか、いわれなくてもわかり、あうんの呼吸で自然にシステムがまわっていくようになっていったのである。

■「天の声」はなぜ生まれたのか

戦後の土建企業の談合は、すでに見たように、戦前の談合の反省から「第三者を入れない、飲み食いをやらない、出し金をしない」を原則にして、業界自治による談合として始まった。この原則に従って、最初のうちは、談合の仕切り役は、同じ業者が務めていた。そして、特に官と協調しながら、官僚統制と業界自治が補完し合うような形で談合が進められていたのである。

ところが、そのうちに、この仕切り役が固定してくるようになる。地方ごとに中心になるゼネコンが押さえて、東京は大成・鹿島・飛島《とびしま》、関西は大林などというように特定のゼネコンが采配《さいはい》を振るうようになった。そうなると、ゼネコンの中に談合専門の人間が生まれ、顧問などの形で政治家・行政との橋渡し、パイプ役を務めるようになっていった。なんのことはない。戦前と同じように談合屋が生まれていったのである。そこには、反省の甲斐などありはしなかった。のちに西松建設相談役として談合界の「天皇」と呼ばれた元大林組の平島栄《ひらしまさかえ》が関西のドンだった。

ここからは、地方ごとに違うようだが、京都では、一九七〇年代後半から土建業界とはまったく関係のない染物工場の経営者が談合屋の役割を果たすようになった。そのような場合が少なくないようである。地域によっては、またヤクザが仕切るようになった場合もあるし、なんらかの顔役やフィクサーのような人物が仕切るようになった場合もある。

このようにして、談合は業界自治からどんどん離れていってしまったのである。それは、談合が、公共事業を通じた富の再分配のための地域経済・政治秩序の中に組み込まれ、システムの一環にされていったがためにほかならない。そして、談合が地方経済、地方政治のシステムに組み込まれてしまうと、たとえば落札企業をどこにするかといったことでさえ業界だけで決めることができにくくなっていったのである。それは、どこが落札するかが土建業界内部の問題にとどまらない影響をあたえるものになってしまったからだ。

だから、影響全体を管理できる者、つまり再分配回路の中でいちばん力をもっている者が決定を下さなければならない、ということになっていった。それでは、公共事業をめぐる地方経済、地方政治の再分配回路の中で、いちばん大きな力をもったのはだれか。予算をつけさせた政治家である。そこで、その政治家がどこどこにやらせろといったという話にすれば、まとまりやすい。これが「天の声」の始まりである。その政治家とは、国会議員であったり、自治体の首長であったりする。実際に、その政治家が具体的な企業を指定した場合もあれば、そうではなくて、そう指定したということにしてしまう場合もあった。ともかく、絶対的に権限をもっている者からのご託宣《たくせん》ということで、みんなそれに従うことになるわけである。だから、山段のようなフィクサーが諸般の事情を勘案して決めたことであっても、知事なら知事が「天の声」として決定を下したことにするのである。

そもそも「天の声」は、面と向かって発せられるものではなくて、どこからともなく聞こえてくるものであるからこそ妙味があるわけだから、当事者はそれが本当の「天の声」かどうか、確かめることが必要になってくる。各地方の業界団体には、裏システムに代表として加わっている人間がいた。業界の裏担当である。その裏担当が関係者の間をまわって、「天の声」の真偽を確かめる。業者がおたがいに納得できるように、ありもしない「天の声」をつくるということがあったのだ。だから、「天の声」を出したとされた個人が、実はまったく関知していなかったということもありえたのである。

このような「天の声」は、国の事業なら国会議員が、地方自治体の事業なら首長が発する場合が多かった。首長は、政治家であると同時に、その自治体の官の元締めである。その元締めが、この企業にやらせろという「天の声」を出せるということは、みずから官として談合をリードできるということだ。こうして生まれたのが「官製談合」である。

横行する官製談合

首長が「天の声」を発してしまえば、発注者が受注者を指名してしまうのだから、競争入札もクソもない。官が主導してカルテルをやらせることになってしまう。だから、これを「官製談合」と呼ぶようになったのである。

官が主導するといっても、官が強いからではないし、もっぱら官の利益のためにおこなわれるからでもない。官が主導する形式になるだけであって、実際には、政官民の癒着の中で、こういう形式が採られているということにすぎない。談合史上、「官製談合」摘発第一号は、一九九四年（平成六年）に発覚した日本下水道事業団談合事件だとされている。日本下水道事業団が発注した終末処理場などの電気設備工事の受注にあたって、事業団の担当者が発注側から加わって入札談合がおこなわれたとして、独占禁止法違反で刑事告発された事件である。これが第一号とされるのは、独占禁止法の適用という法制度上の問題においてであって、実態としては、それ以前から日常化していたのである。

それ以前から、発注側が予定価格を漏《も》らすとか、わざわざ示唆《しさ》するとかいう行為は、ほとんど日常的なこととしてあった。私が土建業界で商売していた一九七〇年代後半だって、予定価格を知るのは造作《ぞうさ》ないことだった。それ自体、一九四〇年体制における官僚統制カルテルを運営する上では当然必要なことだったからだ。

だが、この日本下水道事業団事件のころから顕在化してきた官の側の行為は、そうしたレヴェルにとどまるものではなかった。発注者側がこういう企業を受注者にしたいという方針を受注者側に伝えたり、受注者側の談合に「助言」をおこなったりするという、より踏み込んだ、あからさまなものになっていったのである。このような官の関与の下でおこなわれる談合は、もはや業界自治としての談合ではありえない。官によってコントロールされた癒着構造の一環としての談合になってしまっている。官がみずからリードして談合をおこなうものだ。だから「官製談合」と呼ばれるようになったわけだが、このような官主導の癒着関係は、このころから広く見られるようになっていた。

たとえば、一九九三年（平成五年）、金丸信元自民党副総裁の巨額脱税事件の押収資料から、ゼネコン各社から中央政界や地方政界に多額の賄賂《わいろ》が贈られている実態が判明し、東京地検特捜部は、中村喜四郎《なかむらきしろう》建設大臣、本間俊太郎《ほんましゅんたろう》宮城県知事、竹内藤男《たけうちふじお》茨城県知事、石井亨《いしいとおる》仙台市長を逮捕した。いわゆる「ゼネコン汚職事件」である。これらは、いずれも、いわゆる「箱もの」といわれる大規模公共施設や地下鉄など大型公共事業をめぐって、「天の声」を発して落札業者を決め、賄賂を受け取るという、典型的な「官製談合」といってよい事件であったが、これと同じような癒着関係が、規模の大小はあっても、全国至る所に見られたのである。

実際、「ゼネコン汚職事件」以後も官製談合は後を絶たず、二〇〇三年（平成一五年）に大手ゼネコンや地元業者、市役所などに立ち入り検査がおこなわれ、また、二〇〇四年には一一三社の業者に対する排除勧告がおこなわれている。そして、二〇〇六年には、福島県、和歌山県、宮崎県で一連の大型官製談合が相次いで暴露された。それぞれ県知事が特定業者に落札させて、見返りに賄賂を受け取ったとされる事件である。このときは、一〇月からの三ケ月間に福島県知事佐藤栄佐久《さとうえいさく》、和歌山県知事木村良樹《きむらよしき》、宮崎県知事安藤忠恕《あんどうただひろ》と相次いで逮捕されるという異例の事態となった。そして、談合に関与した公務員への罰則などを新たに設けた官製談合防止法改正案が、一二月に急遽成立することになった。

このような「官製談合」の横行には、すでに見たように政治家の介入によって自治としての談合が阻害されるようになったことと同時に、一九九〇年代に入って、後で見るように日米建設摩擦を契機に自治としての談合を解体する動きが強まったことが背景にある。衆議院調査局国土交通調査室の亀本和彦《かめもとかずひこ》は、「ゼネコン汚職事件」の背景には、二つの要因があったとのべている。

一つは「元来、談合屋を排除し、自主的調整［「自治としての談合」のことである］を構築していた建設業界に、静岡事件［一九八一年、ゼネコンの入札談合に独禁法違反の審決が初めて出された事件］以来、政治的な影響［政治家の介入］が次第に及んできたこと」であり、もう一つは「日米の建設摩擦等をきっかけに、業界の自主的な談合機能［「自治としての談合」のことである］が弱体化し、逆に政治家や自治体の首長の発言力が強まり、『天の声』が横行したこと」である（亀本和彦「公共工事と入札・契約の適正化」、『レファランス』二〇〇三年九月号　［　］内は引用者による註記）と。これは的を射た指摘である。

■政治家がヤクザになり、警察もヤクザになる

官製談合といっても、首長が政治家として関与している場合がほとんどであって、内実は政治家主導である。こうして、官製談合がはびこるにつれて、談合は政治家が牛耳るものになっていった。

自民党一党支配の下での政（自民党）・官（官僚組織）・民（企業・団体）の関係とは、そもそもどういうものだったのか。

自民党は、民間の企業・団体の政治機関になった。それら諸企業・諸団体の、多くの場合競合するさまざまな利害を取り込んで、それを代表する部分が党内で闘ったり取引をしたりしながら、競争を通じて合意を形成していくのである。自民党とは、その意味で、包括的な利害処理をおこなう社会団体政治代表連合であったといえる。

このとき、企業・団体は、集票と政治資金提供を通じて、自民党を押さえていた。そし

て、自民党は、立法・予算・人事を通じて官僚組織を押さえ、それとの取引を通じて、企業・団体の要求に沿った行政執行をおこなわせていた。これに対して、官僚組織のほうは、行政指導・許認可・補助金交付などの権限を使って、企業・団体を統制していた。このように、「民」がパーなら、「政」はグー、「官」はチョキという、一種の三すくみのジャンケンポン構造になっていたのである。これが「日本株式会社」の社内構造であり、それが経済成長のパフォーマンスを保証しているかぎり、回転しつづけていたのである。

ところが、高度成長の条件が失われていき、日本列島改造という強行的成長維持政策によって支えられなければならなくなったとき、この構造は政治家主導に変形させられていった。田中角栄を中心とする「族議員」集団が政策によって官僚を使い回し、それによって民間を潤《うるお》すことで支持を調達するという流れが強まったのだ。民間の企業・団体は、みずからを潤してくれる循環をもたらしてくれた政治家に報いようと、集票と献金の活動を強めた。これによって、特定の企業・団体と特定の政治家とのつながりが強まるようになる。そうすると、そういう政治家は、官僚組織を通じて政策実現によって民間を潤すだけではなく、特定の企業・団体の利益のために直接政治力を行使する活動を強めなければならなくなっていった。

このような利害の結びつき、政治力の直接行使は、もちろん昔からあったことだけれど、田中政治以後、それが大物政治家だけではなく、末端政治家まで一般化して広がり、秘められたものではなくあからさまなものになっていったことが特徴である。

明治以来の近代日本における公共事業にまつわる利権の仕切り方を見てくると、一八八一年（明治一四年）の北海道開拓使官有物払い下げ事件に見られたように、最初は大物政治家がみずから仕切っていたのが、さすがに裏方に仕切らせるようになり、元は政治家が締めておいて、具体的にはヤクザなど裏世界の顔役がやるようになっていた。

長くその状態が続いたが、一九六〇年代半ばから権力がヤクザの切り捨てをおこなっていくにつれ、様相が変わってきた。そして、田中政治以後、政治家が直接政治力を行使するケースが増えていくと、利権の仕切りそのものも政治家がおこなうようになっていった。特に大型プロジェクトになると、政治家が直接仕切る場合が多くなっていった。

たとえば、一九七五年（昭和五〇年）に着工された本四架橋工事のとき、私の知人の建設業者が工事に参入しようと、現地に乗り込んだことがあった。同業者の顔役やヤクザの妨害を覚悟していったが、彼らはちっとも出てこない。代わりに自民党大物議員の秘書から電話が入ったという。「おまえ、叩けばホコリの出る身だろ。工事から手を引かないと、パクるぞ」というのだ。その大物議員は警察官僚上がりで警察には顔が利く。本人も、確かに後ろ暗いところはいくつかある。仕方なく引っ込んだ。このテの話はいくつもある。

明治の昔には、筑豊《ちくほう》の吉田磯吉《よしだいそきち》や横須賀《よこすか》の小泉又次郎《こいずみまたじろう》をはじめ、ヤクザから政治家になった人間がたくさんいたが、最近はめっきり減ってしまった。その代わり、政治家がヤクザの役割を果たすことがはなはだ多くなったのである。

これは、先ほどのべたように政官民のジャンケンポン構造が政治家優位に変わったこととともに、ヤクザの切り捨てが進んだためであった。そして、切り捨てたヤクザが担当していた裏の役割を政治家が代わって果たすようになったわけだが、そうした代役を買って出たのは政治家だけではない。警察もそうなのだ。

『近代ヤクザ肯定論』(ちくま文庫)でのべたことだが、日本の近代化の過程で国家権力は、形式的には法治国家の体制を整えながらも、都市貧民の下層社会や炭鉱、港湾、土建などの労働世界においては、法の支配を確立することができず——というより、リスクとコストを考えて、あえて確立しようとせずに——、それらの部分社会の統治をヤクザという社会的権力にまかせ、そのヤクザを管理することによって、秩序を維持してきたのである。その体制は、基本的には一九七〇年代までは変わらなかったといっていい。

だが、すでに労働世界では、一九六〇年代に炭鉱を潰し、港湾労働から山口組を追放して合理化するなど、「ヤクザの信託統治」を解消して、国家と資本が直接掌握するようになっていった。そして、七〇年代後半以後、土建の世界でもヤクザ排除に手をつけだしたのである。また、一九八五年（昭和六〇年）の新風営法（風俗営業法）施行以後、パチンコや風俗関係の利権を奪いはじめた。奪った利権を管理下に置いたのは、警察である。

土建からのヤクザ排除は容易には進まなかったが、一九八七年（昭和六二年）から福岡県で「北九州方式」と呼ばれる公共工事に関わる建設業者の指名停止基準を実施しはじめた。これは、「指名競争入札参加者選定委員会」といった指名業者選定機関でおこなわれる選定の基準に、新たに「暴力的組織である業者を下請として契約した業者は指名停止とする」といった基準を導入して、この判定を事実上警察が掌握することを通じて、公共事業関係の利権に食い込むことになったのである。指定を得るかどうかは、業者にとっては死活問題である。その死活問題の一端を警察が押さえたのである。

このようなかたちで、土建の世界の中から自生的に生まれ、その世界を仕切ってきた稼業ヤクザが放逐《ほうちく》されていき、その利権を政治家や警察が代行するようになっていったのである。そして、それはもともと土建の世界の自治機能の一つであった談合が、政治家主導の癒着関係の中に吸い上げられ、決定的に変質させられていく過程でもあった。

■裏金のつくられ方と使われ方

このように談合が業界自治の場から、政官民癒着の場に変わってしまった背景には、田中政治以降土建のパイが大きくなったことがある。と同時に、バブル崩壊以後は、深刻な長い不況を背景に政治資金の総量が大きくしぼんだという事情があった。そうなると、通常の政治資金集めの方法だけでは間に合わなくなった。そこで、さまざまなかたちで裏金づくりがおこなわれるようになった。公共工事を使った裏金づくりもその一つである。『建設物価』という刊行物がある。いまはインターネット版もあるようである。定期的に出されている電話帳のような分厚い冊子で、これにはあらゆる建築資材の基準単価が載《の》せられていた。これを使えば、だれでも建設費の積算ができた。

この『建設物価』に載せられている公共工事の基準単価がいちばん高かったのは、当然のことながら、一九八〇年代後半のバブルのころである。ところが、一九九〇年にバブルが崩壊したあとも、なんだかんだと理屈をつけて、一〇年以上にわたってこの単価が据え置かれたままだった。実勢においては、工事単価は下がっているのである。多分、ピークの時に比べて三分の一くらいまで下がったことがあったと記憶している。ここに基準価格と実勢価格との差額が生じる。大型公共事業だと、この差額は莫大《ばくだい》なものになる。

癒着を深めていた公共事業をめぐる政官民のゴールデン・トライアングルは、三者示し合わせて、この差額をプールするようになったのである。いわゆる裏金である。具体的には、特定のゼネコンの使途不明金としてあらわれる。ゼネコンは、このプールした裏金を、自分たちで設立した政治団体を通じて特定の政治家に政治献金として提供したりする。これは、いくつものゼネコンで、多数の政治家を対象に非常に広くおこなわれていたことである。個別企業と個別政治家との間の問題というより、土建業界を舞台にした政官民癒着の共謀関係である。

二〇〇九年（平成二一年）に問題化した西松建設の献金問題は、その一端である。西松建設は、ゼネコン業界では「裏金づくりのプロ」といわれていた企業である。前に触れた「ゼネコン汚職事件」では、ゼネコン業界の談合仕切り役だった鹿島の副社長が当時の仙台市長への贈賄容疑で逮捕され、後に有罪が確定している。ゼネコンは、この汚職事件を反省して談合訣別宣言をおこなうところまでいったわけだが、実際には裏金づくりは継続しておこなわれていた。その中心になったのが西松建設である。

二〇〇九年一月には、西松建設が裏金として海外にプールした約一〇億円のうち約一億円を税関に無届けで日本に現金で持ち込み、時効分を除く約七〇〇〇万円について、外国為替及び外国貿易法（外為法）違反容疑に問われる事件を起こしている。裏金は約一〇年前から、同社が東南アジアなどで受注した工事費を実際より高く見せかけるなどの手口で捻出《ねんしゅつ》していたもので、「官製談合」の海外版である。たとえば、二〇〇三年（平成一五年）のタイ・バンコク都庁発注のトンネル建設工事をめぐり、タイの地方政府高官らと組んで裏金を捻出したことが明らかになっているが、手口は国内での「官製談合」と同じである。

こうした裏金づくりの基本は、公定基準価格と実勢価格との差額である。私の経験からいっても、もともと基準価格とはいえ、適正につくることはむずかしい。私がやっていた解体工事の場合でいえば、地盤がどの程度しっかりしているのか、壁の強度がどの程度のものなのか、など図面や外観だけではわからない要素がたくさんあって、経験のある専門業者でなければ、とても算定できるものではなかった。だから、そこは発注先が行政であろうが民間であろうが、信頼関係に基づいてやっていた。それで、まああ適正な価格でやっていけたのだ。もともと市場というものは、むきだしの競争関係だけで成り立っているものではない。「信なくば立たず」の信頼関係があってこそ、競争も生きてくるのである。

ところが、政官民の癒着が進んでいくと、この信頼関係が共謀関係に変質してしまう。おたがいの信頼の上で妥当なところで折り合っていたのが、おたがいにうまくやって儲けようということになっていく。そうした関係においておこなわれる政官民の共謀も「談合」と呼ばれているわけだが、こうした癒着としての談合はもともとあった自治としての談合とはまったく別物になってしまった。これが「決定的変質」ということである。

この似て非なる「談合」が摘発され批判されるのは当然である。私が談合を復活させ、大いにやらなければならないと主張しているのは、本来の談合文化、自治としての談合のことであって、このような似而非《えせ》談合、癒着としての談合のことではない。

■「コンサルタント」の役割

そして、このような癒着としての談合が批判にさらされると、これをおこなっていた連中は、迂回路《うかいろ》をつくりだすようになっていった。それが「コンサルタント」を介在させるという道だった。

もともと発注者は、この工事がどの程度の予算でできるものかを算定するため、外部のコンサルティングを利用している場合があった。特に、建設技術が発達して工事が高度化したり、環境アセスメントが導入されて工事の条件がむずかしくなってきたり、周辺住民のクレームに対応して合意を得るための条件づくりが複雑になってきたりすると、発注側だけでなく、受注側もコンサルティングを必要とするようになり、外部のコンサルタント会社への依存が生まれるようになっていった。ここまでは別に問題はない。問題は、このコンサルタント会社の介在を裏金づくりに使おうという発想が生まれてきたことにある。この

コンサルタント会社によっては、発注側と受注側の間でけっこうおいしいことができる

ことがわかると、ゼネコンからも官からも人を入れて、官民双方との結びつきを深めていくところが出てくるようになり、コンサルタント会社が癒着の媒介の役割を果たすようになっていったのである。

発注側にすれば、コンサルティングを通じて意思疎通をおこなえば、合法的に「癒着としての談合」ができるし、裏金づくりもやりやすい。そして、コンサルタント会社が裏金を管理すればいい。これは、公共事業だけでなく民間事業でも使えるルートである。工事を発注する大企業と受注するゼネコンとの間に、意を汲んで動くコンサルタント会社をかませれば、裏金をつくって管理することができる。その疑いがあるケースが摘発された。

キヤノンの大型プロジェクト工事をめぐるコンサルタント会社大光《だいこう》の脱税疑惑である。大光の大賀規久《おおがのりひさ》社長は、キヤノンの御手洗冨士夫《みたらいふじお》会長と昵懇《じっこん》の仲で、キヤノンが発注する工事の受注業者選定に力を持つとされていた。また大光は、国税局や地元県議などのOBを役員に迎え入れ、官僚、政治家とのつながりをつくっていた。そして、大手ゼネコン鹿島との間にコンサルティング契約を結んでいた。この関係の中で、鹿島が大光のコンサルティングを経て、キヤノンが発注した大分キヤノン、大分キヤノンマテリアル、キヤノン矢向《やこう》事業所などの総額約八二〇億円にのぼる造成・建設工事を受注し、その受注の見返りに、大光に対して受注謝礼とは別に五億円を超える裏金を渡した疑いが持たれている。

容疑のとおりなら、いま問題にされている大光だけではなく、キヤノンの裏金づくりの疑いがあり、それに対する鹿島の共謀も問われなければならない。そして、このようなコンサルタント会社をかませた裏金づくりが、キヤノンや鹿島だけではなく、公共事業を含めて、ほかのケースでもおこなわれていることが大いに考えられるわけだ。

このように、いまや談合は、自主的な自治機能を失い、政官民の癒着の構造によって食い物にされるものにすっかり変わってしまった。そして、その自治機能喪失は、「一九四〇年体制」以来の官僚統制と田中政治以来の利権政治という要因だけではなく、もう一つ大きな要因として、国際的要因、アメリカからの外圧が作用していたのである。それが、国土交通調査室の亀本和彦が指摘していた問題である。そして、それは、やがて小泉内閣による「聖域なき構造改革」という名による社会再編につながっていく。したがって、今日の談合問題を見るには、この外圧による業界自治剝奪《はくだつ》の過程を精査することが必要である。

13 談合の復活が日本を救う

■狂乱のバブルの終わり、まやかしの冷戦の終わり

一九九〇年から九一年にかけては、日本社会の大きな転機が現れたときだった。以後いまにいたる社会の動きを決定づける出来事が続いて起こったのである。とりわけ大きな出来事は二つだ。

一九九〇年（平成二年）一一月にバブル経済が崩壊した。前年の大納会《だいのうかい》に最高値三万八九一五円八七銭をつけていた日経平均株価は一時、二万円割れを記録するなど半値近くまで暴落し、景気動向指数（CI）もこの月を転機に下落に転じた。この時点では地価はまだ下がっていないが、やがて翌年から下がりはじめる。こうしてバブル経済の崩壊が始まった。

経済専門家は、翌九一年二月をバブル崩壊の時点としているようだし、一般市民の実感

としては、このころにはまだ崩壊といわれてもピンとこなかったようで、二、三年後に「ああ、もう終わったんだな」と感じたというのが正直なところだったと思う。だが、当時の私は、地上げ屋としてバブル狂騒曲をバックに抵当権設定競争、サラ地化競争に狂奔していたから、バブル崩壊の気配に気が気ではなかったので、ことさら敏感にこれらの指標を受けとめたのだ。実際には、一九八八年（昭和六三年）後半に、もうはっきりと翳《かげ》りを見せていた。われわれ裏経済にからんだ仕事をしている人間は、もうすぐ終わるということがわかっていたからこそ、最後のカネ儲けと逃げ切りに狂奔していたのである。

このころ、もう一つ、これは地上げ屋としてではなく、かつての左翼として注目していたのがソ連とソ連圏諸国の動向だった。一九八五年（昭和六〇年）ころから展開されていたペレストロイカなるものに、私は直感的にうさんくささを感じていた。ゴルバチョフという脳天気な男はともかく、こいつの裏にいるブレーンたちは、ペレストロイカ（「立て直し」という意味）などではなく、別のことを考えているのではないか、と疑っていたのだ。案の定、そんなことをやったらソ連経済もソ連政治も保《も》たんぞ、というような政策が次々におこなわれていったあげく、一九九一年にソ連が崩壊した。

これら二つの歴史的事件は、日本の戦後社会が、あるいはある意味では明治以来の近代社会が大きな転換を強いられていく契機になった。そこまで話を広げることは、いまはできないが、談合文化に関するかぎり、これを契機に大きな転換が現れたことは間違いない。九〇年から九一年にかけての転機を迎えるまで、政官民癒着型の談合がすっかりシステム化され秩序化されて定着していたことはすでに見たとおりである。そして、その背景には、もっと大きな枠組での「談合」体制が、国内的にも国際的にもあったのである。

ここで「談合」体制といったのは、もちろん比喩的な意味においてであって、自治型であれ癒着型であれ、これまでのべてきたような談合とは別物である。だが、国際的には「米ソ談合」体制、国内的には「自社談合」体制というべきものが出来上がっていたことは確かなのである。

「米ソ冷戦」といわれたが、むしろ朝鮮、ヴェトナム、アフガニスタンなどで代理「熱戦」を繰り広げながら、米ソそのものは、もはやおたがいを打倒することなど実際には考えず、イデオロギー的な形で対立しながらも実際的な形では取引する相手としておたがいを認識していたのであり、その対立を「自由主義陣営」「社会主義陣営」それぞれの内部でのみずからの覇権を維持し、内部を引き締める道具として使ってきたのが実相だったのではないか。おたがいにおたがいを潰すつもりなどなく、むしろおたがいの存在と対立関係を使って秩序を保つというまやかしの対決であり、事実上の馴《な》れ合《あ》い、相互依存の「談合」であった、と私は思う。

日本国内の保守・革新の対決も同じようなものだった。というより、国際的なまやかしの米ソ対決に規定されて、同じゲームを日本国内でやっていたにすぎないともいえる。自民党と社会党は、初めは資本主義か社会主義かという体制選択のイデオロギー対決、六〇年代からは保守か革新かという社会像の対決のような形を採りながら、実際には、国民の中にある利害対立を、みずからの集票組織を通じて国会の議席として表現させ、それぞれが代表する利益を議会内での取引によって実現するという利益代表として、やはり疑似対立の相互依存関係を保ってきたのだ。

そして、それが現実性をもちえたのは、一つには米ソの冷戦という名の（まやかしの）対決構造があったからで、またもう一つには、右肩上がりの経済成長を、危ういながらも維持することができたからであった。一九七〇年代初めに高度成長が終わっても、田中内閣の「列島改造」政策によって需要がつくりだされて成長が維持され、二次にわたるオイル・ショックを官民一体のカルテル的手法で乗り切って国際競争力をつけた日本経済は、八〇年代半ばからバブル景気を謳歌《おうか》していた。だから、自民党は資本家に利潤の増大を、社会党は労働者に賃上げをそれぞれに勝ち取ってやることができていたために、疑似対立の相互依存関係を保ちつづけることができたのである。

そうした条件が、一九九〇年から九一年にかけて起こったバブル崩壊とソ連崩壊によって失われてしまった。ここに、日本社会のありかたは転機を迎えたのである。談合文化も、当然、変貌《へんぼう》を強《し》いられていく。

■官僚天国、ふたたび

バブルの崩壊は、建設投資の激減につながった。いや、瞬間的激減では終わらず、持続的な減少をもたらしていった。一九九〇年（平成二年）から二〇〇〇年（平成一二年）までの一〇年をとってみると、国土交通省の統計では、建設投資総額は八五兆四四二三億円から六七兆六八〇〇億円に減少している。特に民間の投資の減少が激しく、約四〇％減っている。このため、建設投資総額に占める政府投資の割合は、一九九〇年の三一・七％から二〇〇〇年の四五・七％へと増大した。

不況が襲ったのは、建設業界だけではなく、全産業である。自民党には企業からの政治献金が急に集まらなくなった。このころには、赤坂の料亭で夜な夜なおこなわれていた与野党の「夜の談合」もぱったりと途絶え、閑古鳥《かんこどり》が鳴く有様だった。そして、金の切れ目が縁の切れ目で、それが政官民の癒着構造のなかで政治家が発揮していたイニシアティブが失われていくことにつながっていった。さらに、それに政界再編の激動が追い撃ちをかけてきた。一九九三年（平成五年）には非自民六党連立の細川護熙《ほそかわもりひろ》内閣が誕生、自民単独政権は終わりを告げた。翌年やっと政権に返り咲いたときにも、社会党、新党さきがけとの連立政権である。「政治改革」と銘打ったドタバタ劇のなかで、九三年から九六年までの三年間で党や会派を移動した国会議員は延べ二三一人にのぼったという（読売新聞調べ）。こうした状況では、かつてのように政官民癒着構造の取り仕切り役、利権配分のリーダーとして手練《てだ》れの政治家が座るということはできなくなっていったのである。

そこで息を吹き返したのが、中央の官僚である。それまで田中系を中心とする党人政治家に使い回されていた官僚が、ＯＢの官僚政治家と組んで、失われたリーダーシップの座、利権権力の空白を埋めた。

特に地方の公共事業を中央の官僚が仕切るようになったのだ。公共事業のための財源全体のなかで地方が自由にできるのは三分の一にすぎない。残りを国の補助金や地方交付税で埋めなければならない。これまでは、政治家が仕切る国と自治体を一体化した包括的な官の談合システムを通じて、これらの財源を確保してきたが、政治家のリーダーシップが失われると、中央官僚に直接アプローチするしかない。こうして、地方官僚が中央官僚に平身低頭して補助金や交付金をいただいてこなければならない関係になってしまった。

ここに生まれたのが「官官接待」である。公務員同士の間で、上級官庁の役人に補助金を付けてもらうためなどの目的でおこなわれた接待のことである。地方自治体の「食料費」の名目で中央官僚の接待が頻繁におこなわれ、一九九三年（平成五年）度における四〇都道府県の食料費のうちで官官接待に使われたものが約五三億円といわれた。「官官接待」という言葉は一九九五年には流行語大賞のベストテン入りし、ノーパンしゃぶしゃぶが有名になった。その翌年には、特別養護老人ホーム建設にからんで厚生省と埼玉県の間でおこなわれた汚職が発覚、岡光序治《おかみつのぶはる》事務次官が逮捕されるという事件が起こっている。

政官民の癒着型談合は、ジャンケンポンの三すくみ構造は維持したまま、その主導権が政から官に移ったのだ。癒着の利権関係は残り、そのなかでの政治家の役割がなくなったわけではない。政治とカネの問題は、何も解決されたわけではなかった。いろんなものが残ったままだった。けれど、確実になくなったのは、竹下・金丸流の「大衆利権」の構造であり、角栄流の末端へ富を再分配するための談合システムであった。こうした「大衆利権」と再分配談合は、末端での自治としての談合とかろうじて接続していた。それが断たれたということは、談合文化にとって非常に大きなことであった。そして、官僚天国がふたたび安泰になった。

■アメリカからやってきた「談合文化否定」

このような変化は、バブルの崩壊という要因だけから説明できるものではなく、日本の政治・経済の枠組を外から支えていた冷戦構造が崩れたことと無関係ではない。そして、冷戦構造崩壊は、それだけではない大きな変化を日本の政治・経済にもたらした。それは、その前から進んでいた資本と労働のグローバリゼーションを一気に加速し、日本経済をそのなかに飲み込んでいったのである。

グローバリゼーションは、グローバル・スタンダード（国際標準）を要求する。資本がスムーズに入っていけるように、地域や国家ごとの障壁をなくさなければならない。そこで、グローバル化を進めようとすれば、「日本的」な制度や慣行を解体しなければならなくなるわけだ。談合などというのは、その最たるものだから、まっさきに否定される。

日本が金融自由化にふみきり、アメリカをはじめとする外国資本が日本にどんどん入ってこようとしていた一九八〇年代後半から、談合に対する風当たりが急に強くなった。私の記憶では、関西国際空港の建設工事の入札がおこなわれようとしていたころに、急に談合批判が展開されるようになったように思う。談合問題でインタビューした大阪府建団連会長の北浦年一《きたうらとしかず》もそういっていた。だから、最初、私は、談合批判はアメリカのゼネコンが大型工事に参入したいのでやらせていることだな、と思っていた。実際、アメリカのゼネコンは、関空《かんくう》工事でも、羽田《はねだ》のターミナル工事でも、日本企業とジョイントして受注している。だが、実際には、それほど簡単なものではなかったのである。

開港を目前に建設工事が進んでいたころの関西国際空港。一九八七年、第一期工事に着工し、一九九四年九月四日に開港した。着工の前年から「日米建設協議」がおこなわれ、アメリカは米国企業の日本市場参入を強く求めた。事実、米国のゼネコンは関空にかぎらず、日本企業とジョイントして大型工事を受注している。しかし、ほどなく撤退を開始した。それはなぜか。（写真／共同通信）

関西国際空港建設が着工したのは一九八七年（昭和六二年）だが、その前年から「日米建設協議」がおこなわれており、アメリカ側は、アメリカ企業が日本の建設市場に参入できるようにすることを強く求めていた。そして、翌八八年には、アメリカ海軍が在日米軍横須賀基地の工事をめぐって入札談合があったとして、周到に準備された独自の調査結果を示し、日本の公正取引委員会に摘発を迫った事件があった。公取はこれに従って摘発をおこなった。そして、これ以降、談合摘発件数が急増していくのである。

これらの外圧によって、一九八八年には「大型公共事業への参入機会等に関する我が国政府の措置」なる決定がなされた。そして、アメリカのゼネコンは、ジョイントベンチャーを通して日本の建設市場に参入したが、すぐに手を引きはじめた。それは、単に入札談合がおこなわれているというような個別の問題を超えて、日米の建設業界の「文化」が大きく違うことに気がついたからである。簡単に言うなら、日本では膨大な数の下請、孫請との結びつきが必要だし、それをうまく使いこなせなくては、工事そのものがおぼつかない。そんなことは、アメリカのゼネコンにはできなかったのだ。

4章でフランスの大手スーパーマーケット・カルフールが日本進出に失敗した原因が日本とフランスの「商売の文化」の違いにあったことをのべたが、いくら機会を平等にしても、またいくらシステムとして合理的であっても、文化が違えば通用しないのである。談合をやらせなければ参入できると思ったら大間違いで、談合を支えていた談合文化があるかぎり、たとえ仕事を受注することができてもうまくいかないのだ。

■日本文化を変えてしまえ

単に参入の機会を得るだけではダメで、日本の建設市場の体質を変えなければ参入できないことに気がついた彼らは、そこで、日本の土建文化を丸ごと変えてしまうという課題に取り組むことになるのだ。これは、建設業界に限った話ではなかった。アメリカ資本は、日本のさまざまな市場分野に参入しようとし、実際、多くの分野で進出してきたが、金融や保険など一部を除いては、全然うまくいかない。日本の産業の制度、慣行が、彼らには合わないのだ。

そこで、そうした制度、慣行そのものを変えてしまおうということになった。それを具体化したのが「年次改革要望書」と呼ばれる文書だった。これは一九九三年（平成五年）に退陣間近の宮沢喜一首相とクリントン米大統領との首脳会談で決まったものとされ、アメリカ側が個別産業分野及び分野をまたがる構造的な問題の是正を日本側に要求するための包括的なアプローチだとされている。それが毎年アメリカ側から出されて、日本側はそれに対してどうするか回答を示さなければならない。外圧の制度化である。

この年次改革要望書の個別産業分野には建設が含まれており、分野をまたがる問題としては行政改革や規制緩和、そして独占禁止法と公正取引委員会の機能強化が含まれていた。そのほか、さまざまな産業分野の制度、慣行や経済システム、行政システム全体を採り上げたもので、日本的な制度、慣行、システムをアメリカ型あるいはアングロサクソン型のそれへと大きく変えていくための指針ともいうべきものだった。

毎年の年次改革要望書と一九八六年以来の「日米建設協議」を通じて、建設分野へのアメリカの改革攻勢が強力に進められるなかで、日本国内では公共事業の入札制度改革や独占禁止法と公正取引委員会の機能強化による談合摘発がおこなわれていくことになる。こうして、建設分野の日本的な制度、慣行つまりは日本的な文化は政府による制度改革を通じて変えられていった。平成八年（一九九六年）度運輸白書は次のように書いている。

［平成］5年に日米建設協議が合意に達したことを受け、政府は、6年1月に公共工事における一般競争入札方式や公募型方式の採用などの、より競争性・透明性の高い入札方式の導入を内容とする「公共事業の入札・契約手続の改善に関する行動計画（閣議了解）」を策定した。

また、ウルグアイ・ラウンドと並行して交渉が行われた結果、6年4月にWTO（世界貿易機関）の枠組みの下で運用される「政府調達に関する協定」が作成され、8年1月に発効したことにより、今後、本格的な建設分野の国際化の進展が予想される。このため、同年初頭に運輸省は「工事請負契約書」や「港湾工事共通仕様書」などの一連の契約図書について、外国企業にもなじみやすいものへと全面改定を行った。

更に、8年6月に政府は「公共事業の入札・契約手続の改善に関する行動計画」の具体的な運用の改善措置として「運用指針」を策定した。

こうした制度改革の流れのなかで、アメリカ型の「内部告発」や「司法取引」――というとかっこいいが要するに「チクリ」である——によって公取による談合摘発がどんどん進んだ。メディアも挙げて談合たたきに狂奔した。

重要なのは、ここでおこなわれたのが独占禁止法や公正取引委員会の機能を一般的に強めることではなくて、選択的に談合摘発などに特化して強めただけだということである。そして、それによってアメリカの要求は満たしておいて、同時に一方で持株会社の解禁、合併規制の緩和など日本の大企業の要求に沿った独禁・公取関係の規制緩和がおこなわれたのである。独禁政策を談合摘発に集中させて、他の独占規制はゆるめたのだ。

この点について経済学者の武田晴人は、「公取の仕事を談合摘発に限定したい日本の経済界の希望を米国が日本政府にいい、官僚がそれを実現していく構図」だと指摘しており、また企業法制の専門家・郷原信郎《ごうはらのぶお》は「米国は、日本の政治家を黙らせる水戸黄門《みとこうもん》の印《いん》籠《ろう》みたいな存在で、脇を固めた助《すけ》さん格《かく》さんが日本の官僚だった」といっているが（「アメリカよ　新ニッポン論」3、毎日新聞二〇〇九年三月四日付）、まさしくそういうことだったろうと思う。ここにおいても、リーダーシップを取り返そうとしている官僚が、アメリカをバックとして使いながら、財界と統一行動をおこなっていたわけである。「外圧」が、実は「内圧」の偽装形態だったという場合がありうるのである。

こうして談合文化が否定されていく。だが、「文化」改革は、この程度にとどまるものではなかった。関岡英之《せきおかひでゆき》『拒否できない日本』（文春新書）が指摘しているように、年次改革要望書の要求に応えて建築基準法の重要な改正がおこなわれている。一九九八年（平成一〇年）におこなわれた建築基準法全面改正に際して、関岡が同書で言っているように、「建築の建て方（仕様）を細かく規制したこれまでのルールを、建築材料の『性能』を規定する新しいルール へ変更する」という「仕様規定」から「性能規定」への全面的転換がおこなわれたのである。

それまでの「仕様規定」は、材料・計算手法・構造などのいわゆる仕様が細かく規定されたもので、積み重ねられてきた経験と技術を発揮することがもとめられるものだった。ところが、それに代わることになった「性能規定」は、構造物に要求される性能を規定する基準であって要求される性能を満足することができればどんなやりかたでやろうがかまわないというものなのである。熟練と高い技術を前提にした基準から、アメリカでおこなわれているような機械的で単純な工法を許容するような基準に変えたということなのだ。

これは技術文化を変えてしまうことにつながる。実際、それ以降、ツーバイフォーなどの簡単な工法やそれまで日本の基準に合わなかったようなアメリカ製の建材などがどっと入ってきた。そして、その結果として、北浦年一が言っていたように、建設技術のマニュアル化が進み、仕事が「だれでもできる」ように標準化されたのだからだいじょうぶだといって、経験のない非正規労働者を広く使うようになり、建築現場での事故の増大や建築物の品質低下を招いているのだ。そして、長い伝統に基づく建築技術がどんどん失われようとしているのである。これは建設産業に限ったことではなく、日本の産業全体に起こってきたことであり、全体としての産業文化の大きな変質が進められてきたのだ。建設産業の再編と談合文化の否定は、その全体的変質の典型的なあらわれなのであった。

■変わる土建の元請・下請関係

一九九〇年代以降の変化は、これだけではない。外圧とあいまって、土木建設の産業構造が内から変わってきたのだ。

土建の世界が、労働者の間の親方・子方関係と、企業の間の重層的な元請・下請関係の二つの関係が接続するところに成り立ってきたことは、すでに歴史をたどりながら見てきたとおりである。土建労働者は親方・子方関係を通じて「一家」をなし、土建企業は元請・下請関係を通じて「一家」をなしていた。そして、この親方・子方関係と元請・下請関係が接続してつくりだされていた家産制的関係こそが、談合文化の母体だったのである。ところが、この親方・子方関係と元請・下請関係が大きく変質してきたのである。

建築・土建・港湾といった、最も色濃く親方・子方関係を残していた産業分野で、高度成長期以降どのようにしてその関係が解体されてきたかは、『近代ヤクザ肯定論』（ちくま文庫）でかなりくわしくのべた。一九九〇年代には、その解体過程が窮極まで進み、親方・子方制はほぼ解体されてしまったと見ていい。親方・子方関係についてはそちらを見てもらうことにして、ここでは、元請・下請関係の変貌について見ておこう。

前に見たように、下請というのは、日本の土建業における下請は、純粋な労務供給として始まった。要するに、土建企業が必要とするときに必要なだけの土方・人夫を用意する口入れ業者だったのだ。戦後、GHQによる改革で下請の労務供給が禁止された時期（一九四七〜五二年）があったが、すぐに復活した。そして、明治のころは元請——親方——職人という簡単な関係だったのが、工事が大規模で複雑なものになるにつれて、労務供給を請け負う「名義人」に対して、その名義人の代人として現場での労働力管理・施工管理を請け負う「世話役」が介在するようになり、やがてそれが元請—名義人—大世話役—世話役—棒心《ぼうしん》（現場統括者）—労働者というように重層化するようになっていった。

そして、一九七〇年代には、元請が名義人を固定し、その固定された名義人が世話役層を専属に組織するというふうに全体が系列化されるようになった。これを「協力会」と称した。ほとんどのゼネコンが専属下請としての協力会を組織するようになったのだ。元請のゼネコンは需給調整のために、下請を使っていたわけだが、需要が好調の時期には一定数の下請を抱える必要もあったのである。下請側も決まった元請から仕事を請けることで、経営の安定化を図ってきた。

ところが、八〇年代になると、世話役機構が名義人といわれた下請建設業者のなかに吸収されていく傾向が進むとともに、労務供給だけではなくて、自分たちで機械や設備を持って工事をおこなうことができる土木建設企業化していく下請が増えていった。それも、漫然と機械・設備をそろえるのではなくて、ウチはこういう仕事が得意、こういう仕事が専門というふうに特殊化・専門化していく傾向も出て来たのだ。そうすると、特定のゼネコン専属ではなく、いろいろなところから仕事を取ることができる。ゼネコンのほうも、責任施工遂行能力のある下請に発注しようということになっていくわけだ。もちろん、こうなっても労務下請は併存していたが、全体としては下請の自立化が進んでいったのだ。

そして、バブルが崩壊した一九九〇年代、土建業界は厳しい再編を迫られる。市場が縮小するなかで、元請、下請ともに激しい競争にさらされ、従来の元請・下請関係についても見直さざるをえなくなっていったのだ。ゼネコンは、工事ごとに、その工事の責任施工遂行能力のある下請を探し、価格を勘案して選定する方式を採るようになっていった。そうすると、系列関係が崩れて、下請相互の競争が激しくなる。このようにして、従来の家産制的な元請・下請関係が崩れて、そこに市場原理がより強く作用するようになってきたのである。

このような変化は、癒着型の談合だけではなく自治型の談合も否定するような傾向をはらんでいたといわねばならない。こうして伝統的結合原理が薄れ、市場原理がより貫徹される方向に土建産業全体が「合理化」されていく方向に進んできたのである。

このような「合理化」は、ゼネコンの側にも下請の側にも犠牲を生んだ。

九〇年代後半、それまで倒産とは無縁といわれてきたゼネコンの倒産が相次いだ。一九九七年（平成九年）に東証一部上場の中堅ゼネコン東海《とうかい》興業が倒産したのを皮切りに、多《た》田《だ》建設、浅川《あさかわ》組、日本国土開発などのゼネコンが相次いで倒産し、これがゼネコンの再編、淘汰《とうた》につながっていった。

その一方で、下請のほうは、もっと大きなしわ寄せを受けていた。仕事の絶対量が減少するなかで競争の激化することによって、指値《さしね》発注やダンピング受注が横行した。また、「合理化」の弊害は工事の施工を直接担《にな》う職人にしわ寄せされていく。下請業者は、若い職人を抱えて育成していく余裕が失われていったし、いま働いている熟練技能者も仕事が減り収入が減るなかで、自分の技能を活《い》かせない仕事についていくしかない状況も生まれていった。

この技能の荒廃という問題は、大阪建団連の北浦年一が、「このままでは建設業が滅びる」といって、もっとも危惧《きぐ》していた問題である。さらにこれに外圧に基づく「性能規定」への転換という問題が絡まっている。「本当にいい職人がいなくなったら建設業は滅びます。技術屋みたいなのは代わりがいるけれど、職人の代わりはできない。百姓と一緒です。一度やめたら、いくら田んぼを耕しても元にもどらない」という北浦の言葉を思い出してほしい。

■どこで踏みとどまるか

談合文化をつぶす力としては、アメリカからの外圧も作用したが、こうした内からの「合理化」の力も、それに呼応して働いていたのだ。この二つの力を結びつけて、日本社会を根っこから変えようとしたのが小泉内閣の「構造改革」なるものであった。それは単なる市場原理主義ではない。財政学の神野《じんの》直彦《なおひこ》（関西学院大学教授）は、比較的早い時期から「『構造改革』とは日本型協力社会を、アングロ・アメリカ型競争社会へと転換させる改革だ」といっていたが（毎日新聞二〇〇三年九月一日）、確かにそれは、日本近代の相互扶助社会の文化と感覚をアメリカ型あるいはアングロサクソン型の「私」本位社会の文化と感覚に変えてしまおうという試みだったといえよう。

アメリカからの外圧と内からの「合理化」は、別のものだけれど、関連している。アメリカからの外圧だけを見ると、内からの「合理化」は、その外圧を呼び込み、内から城門を開く売国行為に見える。内からの「合理化」だけを見ると、アメリカからの外圧は、旧弊を打破して合理的な改革を促進する指針に見える。どっちの見方も一面的だ。特に、年次改革要望書に焦点を当てて外圧だけから見る見方は、一種の陰謀史観に陥りがちだ。

だが、年次改革要望書にしても、それを作成する元になっているACCJ（在日アメリカ商工会議所）に官僚や財界メンバーがたれこんで、自分たちが実現したい改革を書き込んでもらい、アメリカの外圧の形を取って実現するというやりかただっておこなわれているのだ。両面を見なければならない。

それぞれの力は、別のものだけれど、同質のものだ。だから相呼応する。外からの力とも闘わなければならないし、内からの力とも闘わなければならない。それは別々の闘いだ。だけど、同じ質の力に対する闘いなのだ。

それは日本産業の強みが崩れていくのを防ぐ闘いであり、日本社会の崩落を防ぐ闘いである。崩落をおしとどめるには、実際に生産にあたり、社会をまわしている現場で踏みとどまらなければならない。日本には日本のやりかたがある。そこでの文化防衛、特に感覚を保つことが何より大事だ。

日本では、物が人を使うのではなくて、人が物を使う、そのための人と人との結びつきで仕事をやる生産文化が根づいていたのだ。それを現場からとりもどしていかなければならない。私が「談合文化」と言っているのは、その文化なのだ。いま、それをとりもどすことが日本文化を守り、日本社会を守ることなのである。

14 大震災が教えたこと

■東日本大震災、進まない復興

二〇一一年（平成二三年）三月一一日、東日本大震災が東北・関東を襲った。巨大津波が太平洋沿岸各地に押し寄せ、甚大な被害をあたえた。それに加えて、福島第一原子力発電所がメルトダウンにいたる重大事故を引き起こし、周辺の広い地域の住民が避難を強いられ、数十年を要するとされる事故処理はいまだ大きな問題をかかえたままである。

このような大災害に対して、国を挙げた復旧・復興の努力がおこなわれたが、その歩みは遅々たるもので、震災後三年経ったいまも、多くの沿岸地域で復興のめどが立っていない状態である。

被災した沿岸地域は、岩手でも、宮城でも、福島でも、いまなお荒涼とした更地が広がったままである。震災から三年以上経っても、被災者向けの災害公営住宅、高台など安全な地域への集団移転は、いっこうに具体化されていない。

産業復興もままならない。内陸地域の製造業は、割合順調に復興を成し遂げ、自動車産業やエレクトロニクス産業などのサプライチェーンも回復した。だが、もっとも被害が大きかった沿岸地域の主要産業である水産業、水産加工業の復興はほとんど進んでいないといっていい。

また、福島第一原発の事故処理も、汚染水問題などが解決されず、遅々として進まないまま、避難した周辺住民の多くが故郷での生活を取りもどせないでいる。放射能汚染の風評被害もあって、農業、牧畜業の復興も難航している。

一九九五年（平成七年）の阪神淡路大震災とくらべてみても、全体として復興は非常に遅れているのである。

なぜ復興が進まないのか

国を挙げて復興を唱えているのに、なぜ進まないのだろうか。

独立行政法人労働政策研究・研修機構（ＪＩＬＰＴ）は、二〇一三年七月にまとめた研究報告「東日本大震災の復興状況と雇用創出」で、次のように分析している（ＪＩＬＰＴのＨＰより）。

沿岸部の主要産業である水産業および水産加工業の復興は、大幅に遅れている。……最大の問題点は、市町村の公共工事に関する専門的人材の極端な不足であった。漁業関連の港湾施設の大半は市町村が管理しており、大規模な復旧工事の積算作業を行える人材が極端に不足したことによって、公共工事の入札が大幅に遅れてしまった。……復興を遅らせている他の要因としては、被災地での極端な建設労働者の不足問題がある。さらに、建設労働者の不足は賃金の高騰をもたらし、建設資材の高騰も加わって、公共工事の入札不調が相次ぎ、結果的に復興を遅らせている。

基本的な問題は、市町村が復旧・復興について責任をもって進める人的・物的力量をもてないでいること、また復旧・復興に具体的にあたる土木建設業などの地域産業が対応できないでいることにあるというわけである。だから、復興が進まないのだというわけだ。

この研究報告の姿勢は、基本的に現実追従的だから、市町村がだめなら国がやればいい、地域の中小企業がだめなら中央の大企業がやればいいという対策を提唱している。「公共工事に関しては、国と地方の役割分担を見直し、災害といった非常時には国が市町村の公共工事を柔軟に肩代わりできるように、関連する法律の改正が必要である」

「公共工事に関しては、地元の建設会社を優先するだけではなく、ゼネコンを活用して全国から建設労働者を集めるといった新たな公共工事の推進方法が導入され始めている」という具合である。

だが、それではだめなのだ。それでは、工事の進捗《しんちょく》という当面のこと、表面上のことは進んでも、ほんとうの復興はできないのである。しかし、問題点そのものは、この研究報告がいうような点にあることは明らかである。地域産業の疲弊と地域自治の衰退が、復興を妨げているのである。

■救援道路を切り開いたのは地元土建屋

震災からの復旧・復興といえば、必要とされるのは瓦礫の撤去、道路・鉄道・港湾の復旧、住宅・公共施設・産業施設の建設といったところだが、これらはいずれも土建屋の仕事である。こういう災害時の仕事は、地域の土建業者が一番先に取り組み、全精力を挙げてやりとげるのが普通であった。私の父親がやっていた土建寺村組も、戦前から火事、洪水、地震、戦災（これは災害ではないが）のたびに出動して、救援、復旧に真っ先に駆けつけて働いたものだった。

他国、たとえばアメリカなどでは、大きな災害のときには陸軍工兵隊が出動するのが普通だが、日本では、これまで、そんなときでも土建屋が駆けつけて作業してきたのだ。東日本大震災のときにも、実は、震災直後、救助、救援のためにどうしても必要な道路を最初に開通させるにあたっては、自衛隊の力だけではなく、何よりも地元土建屋の働きに負うところが大きかったのである。

このときの道路開通作業は「くしの歯作戦」と命名されたものであった。「くしの歯作戦」とは、東北地方の内陸部を南北に貫く東北自動車道と国道四号から、「くしの歯」のように沿岸部に延びる何本もの道路を、救命・救援ルート確保に向けて切り開く作戦であった。南北の幹線は比較的早く開通したが、それだけでは沿岸部の救援に向かえない。くしの歯状に沿岸に向かう多数の道路を切り開かなければならない。幹線道路のほうは国や自衛隊が担当したが、くしの歯のほうは、自衛隊が来る前に地元の土建業者が駆けつけて、開通工事に当たったのである。

余震が続き、津波警報が出されているなか、自分たちの自宅、事業所も多くが被災していた土建屋、土木作業員が、地元の人たちの命を救うために、救助の途を開こうと懸命の作業をおこなったのだ。宮城で浅沼《あさぬま》組を経営し全国建設業協会会長を務める浅沼健一《あさぬまけんいち》によると、かけつけた土建屋たちの七割がみずから被災していたという。また、そのときの気持ちは「カネをもらってるからやる」というようなものではなく、地元の人間の命を助けるために働こうという使命感だったという。

その努力によって、震災の翌日には一一ルート、四日後には一五ルートの道が開かれ、救急車や緊急車両が通行可能になり、医療チームも入れるようになり、支援物資も届けられるようになった。こうして救援対応、応急復旧は迅速にできたのだ。

ところが、それから本格復旧から復興へという段階に入ると、とたんに進まなくなってきた。その原因は、先に見たように、市町村・地元土建業に、そうした高次に取り組めるだけの力が、もはやなかったからである。そうした力がもともとなかったわけではない。なくなってしまっていたのだ。

崩壊させられていた地域土建業

なぜ、そのような状態になっているのか。実は、東北の地元土建業は、二〇〇一年（平成一三年）以後の「談合」の禁止、「一般競争入札」の徹底による淘汰で、一〇年の間に深刻な打撃を受けていたのだ。

東北だけではなく全国各地で、地域の中小土建企業は、談合が禁止されたことによって一般競争入札に単独で競争しなければならず、過酷な価格競争を強いられた。そして、それぞれの業者が仕事を確保するために、ばらばらに孤立したままダンピングに走って、お

地元土建業者が結集して救援道路を切り開いた

たがいの首を絞めることになっていったのである。

その結果、落札率（実際の落札価格が発注側の予定していた価格の何％になったかという割合）は、九〇％を切るまでになった。これでは実際に工事に当たる企業はとうてい採算が取れない。仕事が取れなかった土建屋が倒産するだけでなく、落札したが利益が出ないので資金繰りができずに「落札倒産」「受注倒産」する企業も相次いだ。たとえば宮城県においては、建設業協会の会員企業数は一〇年前の五三〇社から二五四社に半減している。

そのうえ、東北にかぎらず地方の土建業者が食べていくうえで欠かせない公共事業が減りつづけたのだ。東北全体での公共事業費は、小泉内閣が発足する前年二〇〇〇年（平成一二年）の精算額三兆四三四三億円と比較すると、二〇〇九年（平成二一年）の当初事業費は一兆六六八〇億円と、実に半分以下になってしまった。宮城県では、一〇年前の公共事業費は約九〇〇〇億円だったが、震災時には二九〇〇億円とおよそ三分の一に減少してしまっていた。

これでは、地元土建業者は、持ちこたえることはできない。中小土建企業の倒産が相次いだのも当然である。二〇〇八年のリーマンショック直前の七月には、金融機関の貸し渋りで資金繰りが一気に悪化して土建史上最悪の倒産件数が記録された。だが、このときの連続的な倒産の原因は、こうした突発的金融危機よりももっとベーシックなところにあったのだ。当時東京土建のホームページでは、その原因として「国と地方自治体の財政状況悪化にともなう公共工事量の大幅減少」「熾烈な低価格受注競争が地方の工事にも広がったこと」「原油・資材高騰の価格転嫁が困難になっていること」などをあげていた。そこにあげられている要因は、それ以前からいまに至るまでずっと存在しているものだ。

このときの倒産では、真柄建設や三平建設をはじめ地方の実績ある建設企業の倒産が相次いだのが特徴だったが、それは東北でも同じだった。地元の準大手ゼネコンでも、佐藤工業が二〇〇二年に倒産、西松《にしまつ》建設が東北支店を閉鎖するなど、撤退せざるをえない羽目に追い込まれている。そして、これら地元密着の準大手ゼネコンが仕事を取れなくなれば、その下請でやってきた地元の中小土建業者が、次々に倒産に追い込まれるというわけである。

ここには、東京地検特捜部による小沢一郎《おざわいちろう》叩きが執拗におこなわれるという異常な状況のもとで、小沢とつながりがあるとされた東北の準大手ゼネコンが苦境に立たされたという特別な事情もある。だが、それだけではなく、基本的には小泉構造改革にともなう要因が大きいのである。

公共事業、特に地方自治体の公共事業は、地元の地域土建業に仕事をまわして、地域経済を活性化させるという側面をもっていたのに、それが大幅に削減されてしまった。そのうえ、一般競争入札が徹底されたため、ダンピングしないと大手に仕事を持って行かれるようになってしまい、ようやくその孫請あたりの仕事をもらっても、あまりの単価の安さに経営が立ちゆかなくなる、という具合なのだ。

全国的に見ると、阪神淡路大震災時の一九九五年にくらべて、土木建設業の需要がおよそ半分、就業員数は四分の三になっているといわれている。そのなかでも東北の落ち込みはひどい。

■官僚・スーパーゼネコン主体の復興

大震災によって、東北では失業者が七万人増えたという。震災で離職せざるをえなかった人たちを受け容れる新たな雇用先がなかったのだ。復旧・復興で土木建設を中心に人手が足りないといわれていた。しかし、地元の土建企業がなくなっているから地元民の雇用先にならない。被災地の住民を一時的にでも土建労働に雇うことができる地元の地域土建業がなくなってしまっていたのだ。そして、実際の工事に当たっているのは、東京などのスーパーゼネコンが連れてきた労働者なのだ。宮城県の震災関連発注事業のほとんどがそうだったという。

倒産せずに残っていた地元土建企業も、儲かっていない。震災直後に緊急随意契約で工事がおこなわれていた時期を過ぎて震災以前と同じ一般競争入札がおこなわれるようになると、国や県の当局が机上で図面を引いて積算した額で競争させるから、中小業者が競争できる状況ではなくなっている。実際に、ＪＩＬＰＴの報告書がのべていたように、入札不成立が増えている。成立しても仕事を取れるのは、主にスーパーゼネコンだ。地元業者は、その下請・孫請で価格を叩かれるから、少しも儲からない。

こういう状況だから、実際には、官製談合がおこなわれていると地元の業者はいっている。官が指値をして、スーパーゼネコン各社に根回しをして、落札価格、落札業者を決めている、というのだ。これは、自然の勢いでそうなるのだ。官は、苦しい予算枠で縛られているうえ、実情もよくわからないまま積算するから、非現実的な数字が出てくる。それで入札不成立などの事態を招いてしまう。それをスーパーゼネコンが助け船を出して、官に協力しながら仕事を取っていく。自然にそうなるのだ。そして、その官とスーパーゼネコンとの事実上の談合でみんな決まってしまうから、地元企業はたとえ談合しようとしてもする余地がない。大地震で談合文化まで壊れてしまったということだ。

福島県の被災地も荒廃している。荒涼とした更地にまず建ったのは、プレハブのワンルームマンションだったという。そこにはスーパーゼネコンが外から連れてきた労働者が泊まっている。部屋は交替で常時埋まっていて、三年で元が取れるそうだ。原発の事故処理でも、東電の下請・孫請をやっていた地元の業者は、危ないところは知っているから、逃げてしまった。

原発の作業員は、事故前まで、これら地元業者の親方・子方制で維持されていたから、ベテランの親方作業員がいなくなって、外から連れてこられた労働者は勝手がわからぬまま、「おまえ、もう歳だから、放射能の影響が出るころには死んどるよ」といわれて、危険な作業をやらされているという。仕事を取るところは、東電の子会社を間に挟んだところだ。その子会社にペーパー・マージンが堕ちる。復興事業の官製談合以上に荒んだ世界だ。

このような官僚とスーパーゼネコンの癒着体制で復興事業が進められているのである。これで地域本位、住民本位の復興ができるはずがない。

東日本大震災を契機に、「国土強靭化」なるものが自民党を中心に叫ばれだした。そして、自民党が政権奪還したことで、これが国の政策になった。

二〇一三年一二月四日、大規模災害に備え、公共施設の耐震化や避難路の整備などを推進する「国土強靭化基本法」が参議院本会議で可決、成立した。一二月一七日には、この基本法に基づいて政府の国土強靭化推進本部（本部長：安倍晋三首相）が初会合を開き、「国土政策大綱」と「大規模自然災害等に対する脆弱性の評価の指針」を決定した。そして、二〇一四年度当初予算では一般会計の歳出総額が過去最大の九五兆八八二三億円にのぼるなかで、公共事業費は実質一・九％増となり、特に建設関係予算の増大が目立った。

だが、東日本大震災の復旧・復興事業の実態を見るなら、これによって有効な災害対応ができるのか、大いに疑問である。

■迫り来る大災害に備えて

国土強靭化推進本部が発足した直後の一二月一九日、政府の中央防災会議、首都都心の直下で、M7クラスの地震が発生した場合、死者は最悪二万三千人、被害額は九五兆円に達するという予測結果を公表した。東海大地震も、いつ来てもおかしくない状態にあるという。

また、近年、これまでにない規模の台風、竜巻、暴風雨、暴風雪、集中豪雨、洪水などの自然災害が多発するようになっている。これらは異常気象が原因だとされ、その異常気象は地球温暖化によるものだといわれている。そして、この傾向は続き、ますます激しくなるだろうという警告も聞かれる。

このような状況に対して、災害に強い地域づくり、まちづくりが地域の状況に即しておこなわれていかなければならないことは、論を俟たない。だが、そのとき、JILPTの報告書がいうような「非常時には国が市町村の公共工事を柔軟に肩代わりできるようにする」「地元の建設会社を優先するだけではなく、ゼネコンを活用して全国から建設労働者を集める」といった国家官僚・スーパーゼネコン主導の災害対応、防災対策ではだめなのである。地域ごとに即応できる体制こそが求められているのだ。

この点は、全体としては国家・大企業主導のトーンをもつ国土強靭化基本計画においても指摘されているところで、基本方針の一つとして、「多様な地域が自律性を高めつつ諸機能を適切に分担するとともに、これらが連携・協調する国土構造を実現することにより、過剰な一極集中の回避、『自律・分散・協調』型国土の形成につなげていく視点を持つ」ということが挙げられている。

これはぜひとも貫いてほしい観点である。ところが、災害対応体制を取ろうにも取れない地域が増えているのだ。「多様な地域が自律性を高める」どころか、自律性をどんどん失ってきたのだ。

■災害対応空白地域はなぜ生まれたか

このことは、東日本大震災以前からはっきりと現れていたことだった。二〇一〇年から一一年にかけての冬は、記録的な大雪が降り、雪国の地方では除雪作業が大変だった。豪雪地帯では、高齢者世帯はもとより、地域全体として個人の雪かき作業だけでは間に合わない。地元の土木建設企業が行政に委託されて、雪かきをしていた。ところが、この冬、それが充分にできない地域が続出したのだ。そういう地域では、除雪作業が大幅に遅れた。

阪神淡路大震災以降、全国の自治体は、地元企業と災害時の救援・復旧のための協力協定を結んで、災害対応体制をつくった。ところが、このようにして自治体と災害協定を結ぶ企業の数が、近年になって激減してきたのだ。二〇一一年までの一〇年間で、およそ三分の二に減ってしまったという。そして、災害復旧をになう土建企業がなくなってしまったり、ほとんどになえない状態になってしまったりする地域が出てきた。こうした迅速に災害対応をすることができる企業がない地域を「災害対応空白地域」という。

二〇一一年二月八日に全国建設業協会が発表したところによると、このような災害対応空白地域は、全国で二五都道府県一七二市区町村にのぼるという。福島県で見ると、五九地域の内一四地域が空白地域と、二〇%を超えていた。また宮城県においては、建設業協会の会員企業数は一〇年前の五三〇社から二五四社に半減し、それに応じて空白地域も増えていた。

このような地域では、災害時に即応できる重機とオペレーターを保持している土木建築企業が地元に存在しなくなってしまっているのだ。だから、福島でも宮城でも、くしの歯作戦のような応急復旧作業は使命感でこなしたが、そのあとの復旧・復興工事には充分対応できなかったのである。

くどいようだが、このような状態を生んだ原因は、「公正」「透明性」「利権排除」の名のもとに、それまで地域に密着して営業してきた中小土建企業に対して過酷な価格競争を強いて、その多くを淘汰してしまったことにあった。このようなやりかたを根本的に転換して、地域の産業力、地域の自治能力を高めることなしには、国土強靭化計画のいう

「『自律・分散・協調』型国土の形成」は実現不可能だし、したがって、迫り来る大災害に備えることはできないのである。

■モノがヒトを使うのではなくて、ヒトがモノを使う生産文化を

「自律・分散・協調」を掲げるなら、小泉政権以来の新自由主義経済政策、官僚主導の政策遂行システムを根本的に見直し、転換しなければならない。

小泉構造改革は、反官僚支配の看板を裏切って、実際には官僚支配の構造を壊すものではなかった。構造そのものには手をつけず、単に一時的・部分的に政府と官庁の力関係を変動させただけに終わり、むしろ、財務官僚の国家に対する支配力が逆に強まったということは、いまや周知の事実だ。

小泉構造改革が壊したのは、国家における「官」の構造ではなく、社会における「公」の構造だったのである。公的な規制だけは次々に緩和され、それまで競争にそぐわないとされていた領域にあからさまな競争原理が導入されていった。「市場原理主義」「弱肉強食による効率化」という新自由主義経済政策が全産業、全経済領域に吹き荒れた。その結果、民間における相互扶助のしくみは、次々に壊されていったのである。

巨大企業のような「強い者」と対抗して生き残っていくために、中小企業のような「弱

い者」同士が助け合い、おたがいに仕事を分け合って、共存を図っていた業界自治も、そのような規制緩和・競争導入のなかで、「もたれあいの構造」「競争を排除する利権」などとして解体されていった。その典型が土木建築業界における「談合」の禁止、「一般競争入札」の徹底だったのである。このやりかたを集約的に示したものであった。

小泉構造改革によって官僚支配の構造が壊されたわけではないことは、「官僚主導から政治主導へ」を掲げて政権についた民主党の鳩山《はとやま》・菅《かん》の両内閣が、いたるところで強大な官僚支配の前になすところなく屈服した事実がよく示している。官僚支配の構造が何ら本質的に変わっていなかったからこそ、この逆襲が可能になったのである。

そして、民主党は、自民党政権によっては果たされなかった官僚支配構造を転換するといって政権を取ったが、政権運営がうまくいかなかった原因に「官僚が協力してくれなかった」一点を挙げるという、なんとも情けない総括を残して瓦解していった。なぜそうなったのかについては、「民主党政権はなぜ潰れたのか」というテーマで『政権崩壊』(角川書店)に具体的に分析して書いたので参照してほしい。

官僚支配打倒を掲げる政党に官僚が協力しないのは当たり前である。なのに、民主党中枢は「官僚は政府に協力するのが当たり前」「命令してやらせればいい」という甘い認識と傲岸《ごうがん》な姿勢を取った。官僚支配構造に代わる統治構造を、民間・有識者・社会運動などと提携してどう創り出すかという点でも、まったく不充分で、そのために設置した「国家戦略室」（菅直人室長）は全然機能しなかった。

このように、大震災以前にすでにマニフェストに関してすっかり腰砕けになっていた民主党政権は、大震災からの復旧・復興にあたっても、地域の自助復興を通じてみずからが掲げた「地方主権」「地域主権」のありかたを具体化すべき機会であったのにもかかわらず、そのような方針を示すこともできず、結局、官僚・スーパーゼネコン主導の旧来型の構造にもどっていくことになってしまったのである。

災害復興のやりかたとして「キャッシュ・フォー・ワーク」（Cash For Work　略称CFW）という方式がある。これは、何よりも被災地の人々の力、連帯感や郷土愛、相互信頼などを最高の復興資源として重視する考え方に基づいており、いわゆるソシアル・キャピタル（社会関係資本）の理念につながるものである。この方式のポイントは、被災者を復旧・復興事業に雇用して、賃金を支払うことで被災者の自立支援につなげるというところにある。

二〇〇四年のインド洋大津波のさいにバンダアチェでおこなわれ、二〇一〇年のハイチ地震の被災地でも実施され、大きな成果をあげた。二〇一三年一一月にフィリピン中部を襲った大型台風の災害復興でも、この方式が適応されている。それで、もっぱら開発途上地域向けの方式のように考えられているが、そうではない。この方式の優れている点は、災害からの復旧・復興を被災地住民がみずからの事業として、みずからの労働によっておこなっていくことで、モノだけでなくヒトの復興をなしとげていくという精神にあるのだ。

ところが、「地方主権」「地域主権」を掲げて政権を担当していた民主党は、東日本大震災からの復旧・復興にあたって、このような精神を貫こうとはしなかったのである。そして、それに代わった安倍自民党政権も、「自律・分散・協調」の地域づくり、地域復興を掲げるなら、このような精神に基づかなければできないことを知るべきである。そして、その精神は、「モノがヒトを使うのではなくて、ヒトがモノを使う、そのための人と人との結びつきで仕事をやる」という生産文化にもどることを意味し、それは談合文化の復活につながっているのである。

最後に、そのような精神と文化に基づく自治社会を日本につくっていく展望について、章を改めて考えてみることにしたい。

15 日本に本当の自治社会をつくるために

近代日本の談合文化をふりかえる

今後の展望を考えていくうえで、近代日本の談合文化とはどういうものであったのか、あらためてふりかえってみよう。

談合とは、徳川時代まであったムラの自治に根ざしたもので、自治を運営する自分たちの掟《おきて》をつくり、それに基づいて自己統治していくうえでおこなわれた構成員全員による話し合いのことであった。

近代になってからムラの自治は奪われ、国家行政に組み込まれたが、社会の基層には談合文化が残った。日本は建前上「法治国家」になったが、社会のトラブルが司法の場に持ち込まれて、それを一つ一つ解決していくことを通じて法が具体的に形成されていく、というヨーロッパ近代では成立した過程が日本近代では成立しなかった。個人の間の対立が訴訟の場に持ち込まれることは非常に少なかった。その代わりに、問題が発生した具体的な現場で、公式のルートには乗らない非公式な話し合いで解決されてきたのである。

また、そもそも日本資本主義は、民間のなかで下から興《おこ》ってきたものだというよりは、国家のほうから官僚の手で上からつくられてきたものだった。だから、土木建設の請負契約に典型的に見られるように、形式上は近代的な「契約」関係をとってはいても、実態においては、当事者が平等に対抗し合う双務的な関係ではなくて、官である発注側が上級者となって下級者である受注者の民に命令を下し、その命令を実行すれば恩恵として給付をしてやるという、非近代的な片務的な関係が支配していたのである。

このような関係の下で、受注者である土建屋たちが表向き恭順《きょうじゅん》しながら、裏では反抗して実利を確保していくために、自衛抵抗の結びつきをつくった。これが前近代の談合と区別される近代的な談合の始まりである。そこには徳川時代までのムラの自治とは異質なものだが、一定の業界自治が追求されていたのであり、談合はそのための道具だった。

官製資本主義だといっても、民間の活力が働いてこないと資本主義は発展しない。しかし、官製資本主義なのだから、放っておいても自然に活力が湧《わ》いてくるわけではない。そこで、国家が上から下の民間活力を醸成しなければならなかった。そこに自由競争と官僚統制とのジレンマが生じた。自由競争にまかせていると、国家にとって必要な産業が発展しない。官僚統制を強めすぎると、企業活動が活発にならない。

このジレンマのなかから、経済における自由競争と官僚統制のハイブリッドとして「官民両権」路線が生まれた。官僚統制によって設定された枠の内で自由競争が促《うなが》されるという「仕切られた競争」がここに成り立つ。この「官民両権」路線は、その内にジレンマをはらんだままだったから、状況の変化に応じて、官僚統制強化の方向にぶれたり、自由競争強化の方向にぶれたり、振り子の揺れをくりかえした。

自由競争が強化された時期には、談合は、業界内で競争を抑制し、ダンピングや品質低下を防ぎながら、利益を分け合うために自治的におこなわれた。官僚統制が強化された時期には、官主導による「枠」「仕切」をつくりだすうえで、官に行政指導されたカルテルが幅を利《き》かせ、談合はこのカルテルに組み込まれていった。

一九四一年（昭和一六年）の戦時統制経済体制の確立以降、戦後の高度経済成長期まで、官僚統制が設定した枠内で自由競争をほぼ完全に仕切る「一九四〇年体制」といわれるスキームが長く続いた。この体制の下では、官が指導するカルテルとしての談合が、事実上公認のものとして盛んにおこなわれた。

この談合には、官僚統制の枠内という制限はあるにしても、業界団体の「産業自治」を相当程度認める内容が含まれており、これを自主的に発展させるなら、前近代のムラの自治とは違ったものではあるが、コーポラティズム（職能団体代表制）的な構成による近代的な「自治としての談合」が確立されていく可能性があった。

しかし、一九七二年（昭和四七年）に成立した田中角栄内閣以後、この官民両権関係を政治家がリードするようになった。政治家が経済政策を立法によって実現することで公共事業のパイをつくりだして、そこに官を取り込み、談合を通じて利益を広く分配することで民を潤《うるお》し、そのサイクルを通してみずからの下に政治資金を吸い上げる――という方式が成り立つようになったのである。ここに政官民癒着の大衆的利権構造がつくりだされ、談合はこの構造に組み込まれることになった。

このような大衆的利権構造に組み込まれることで、談合は自治としての内実をその利権構造にほとんど吸収されてしまい、自治型談合から癒着型談合への決定的な変質が起こった。ただ、個々の政治家との結びつきに庇護されたかたちで――したがって、（後で見る横浜のケースのように）その政治家のありかた次第で左右されるのだが――、末端の自治としての談合は、かろうじて生き残っていた。

ところが、一九九〇年代に入ってから、バブルの崩壊とソ連の崩壊をきっかけにして、一九四〇年体制解体、田中政治否定の動きが起こってくる。そして、自治型であれ癒着型であれ、談合を必要としないシステムへの移行が図られていった。それとともに、アメリカからの市場開放圧力によって、システムとしての談合だけではなく、談合文化そのものが否定されていく。

その背景には、先進国の経済成長の鈍化と、それを打開しようとして進められたグローバリゼーションがあった。日本の内側からは、アメリカからの外圧と呼応するかたちで、そうした環境の変化に対応するための「改革」として、基層社会とその文化の再編が位置づけられたのである。

こうした九〇年代以降の「改革」の頂点であった小泉純一郎内閣の「構造改革」は、「競争原理導入」の名のもとに、談合ができないような入札制度改革をおこなった。そして、この改革がもっていた意味は入札制度の問題にとどまるものではなく、職業や地域などを基にしてまとまる「小さな社会」すなわち部分社会のなかで自治的に結ばれる仲間のつながりを根こそぎ壊していく大きな過程の総仕上げとして働いたのである。

こうして近代日本の談合文化は解体の危機に瀕《ひん》した。

社会を再建するには部分社会の自治から

小泉純一郎が「郵政民営化」を花道に退いた後、安倍晋三、福田康夫、麻生太郎と続いた自民・公明連立政権は、小泉構造改革の「負の側面」があらわになってくるにつれて、次第に構造改革に消極的になり、修正から否定へと移っていった。しかし、それは、ますます国民国家の枠を強め、従って国家官僚の力を質的に強める方向をともなっていたのである。

また、構造改革による格差の拡大や新しい貧困の拡大に対して是正を求める国民の声は、二〇〇八年（平成二〇年）に起こった世界金融恐慌による深刻な不況を打開する要求とあいまって、国家による対策の強化を求める方向に向かっており、野党や労働組合などの既成社会団体も、方向としてはやはりそちらのほうへリードしていっている。政府がおこなおうとしている対策とは違う内容を含んではいても、やはり問題を国民国家と全体社会に上げてしまって、そこで解決しようとする方向性は同じなのである。

確かに日本の近代化においては、国民国家への結集、国民経済への統括が非常にうまくいき、その効果がまれに見る高いパフォーマンスを生み出したことは事実だった。それは、この『談合文化』でも見てきたとおりである。ところが、一九九〇年代からのグローバリゼーションの進展によって、資本が国境を越えて動きまわり、国家の枠のなかに閉じこもらないほうがよくなると、国民国家と国民経済への凝集力はかつてのようなプラスの効果を失い、むしろマイナスをもたらすものにすらなっていくようになった。

ところが、かつての高いパフォーマンスが忘れられず、また国家意識にしか保守の立脚点を求められない歴代政権は、結局のところ国民国家、国民経済への凝集を追い求める方向に固執してきたのである。田中政治と「一九四〇年体制」を解体することをめざして「構造改革」を進めたとされる小泉政権にしても、結局、その裏ではむしろ官僚政治を復活させ、国家官僚の力を強めることになったのは、すでに見たとおりである。また、小泉自身はナショナリストではないのに、靖国《やすくに》神社参拝などのパフォーマンスで、ナショナルな感情をかきたてて国民の国家意識を高めようとしたことも、同じ志向に基づくものだった。この点については、次のような指摘が的を射ているというべきだろう。

近代日本においては――左翼も右翼も、ほとんどあらゆる勢力が――すべての問題を「全体」という場に格上げしようとする志向、包括的に統合するかたちで「国家」に集約しようとしてきた統合型（integration-orientated）志向にとらわれてきた。いま、そうした拘束から脱却することがどうしても必要である。そして、個別の問題に現場において取り組もうとする志向、その場へと、地域、職業団体、自治体、国家、国際組織などさまざまなレヴェルの関与を多元的・多重的に組織していく差異型（differentiation-orientated）志向へと転換していかなければならない。だが、そこに行こうとすらしていないのが現状だ。……そうした現状とは裏腹に、どうしても近代国民国家＝国民経済

＝中国人全体社会をつくれなかった中国が、それが必要なくなり、むしろ桎梏《しっこく》になってきたなかで、擡頭してきたのは日本と対照的である。特に一九九五年以降は、急速に成長してきた。インドも同様である。国民国家をどうしてもつくれなかったインドが、それが必要なくなったところで擡頭してきたのも、同じメカニズムの働きによるものである。

もはや日本は、かつての強みに頼るのをやめるべきなのだ。

（大窪一志『「新しい中世」の始まりと日本』花伝社）

では、どうしたらいいのか。

問題をすべて全体社会＝国家に向けて統合し、そのうえでできるだけ平等に再分配していくという「集権平等」方式では、もううまくいかない。そうではなくて、部分社会＝仲間集団が自律して問題に現場で取り組めるようにしていき、政府や自治体はそれを保障し支援するという「分権自治」方式に移行していかなければならないのだ。この「分権自治」の単位は、かならずしも国家を媒介にしないでも、おたがいに結びつくことができるし、また国際的な関係を結ぶこともできる。「自己責任」を、それが実行できるような基盤もつくらずに叫ぶのではなく、その基盤をつくる「分権自治」の発想に転換していくことがぜひとも必要だ。

私がこういう主張をすると、政府の責任を免責するものだとか、新自由主義と同じだとかいわれる。私は政府の責任は、すべての問題をできもしないのに政府の領域に抱え込むことにあるのではなくて、官僚統制を解除したうえで、必要なところに必要な支援をおこなうことにあると思う。つまり、麻生政権などがやってきたように包括的なギャランティ型対応を請け負うから、オレにまかせろというのではなくて、これこれこういう要求に対してはこれこれこういうふうに応えますというベスト・エフォート型対応を提示することこそが政府の責任なのである。マニフェスト型選挙というのは、そういう考え方に基づいたものだったと思うのだが、その精神がちっとも生かされていない。

その精神とは、「分権自治」の精神なのだ。政府に要求する側も、「八方うまく治まるように何とかしろ」と問題処理を上にまかせるのではなくて、「俺たちの問題は俺たちで解決できるようにしろ」というべきなのだ。そこに立って政府に要求していくということが必要なのだ。そして、この「分権自治」方式を下から支えるものこそ、「自治としての談合」であり、前近代の村落共同体や職能集団のなかにあった談合文化の復活なのである。

自己統治としての民主主義は機能不全に陥っている。民主主義の原理とは、統治者と被統治者の一致である。統治する者が統治されるものでもあり、統治される者が統治する者でもあるということだ。それが現実において一致できないところで、にもかかわらず民主主義を唱えるだけなら、民主主義は空洞化し、虚偽になっていく。いま、全体社会＝国民社会では、それが起きている。だから、統治者と被統治者が現実的に一致できるような部分社会から自己統治を再建していかなければならないのである。そして、そのとき、頼りになるのは、理念による空疎な結びつきではなく、利害による具体的な結びつきである。具体的な利害で結びついて、団体の権利や社会的権力、既得権や「事実上の権利」を武器にしていくことが必要なのである。

その意味では、いまは、「平等」より「利権」のほうが武器になるのだ。だから、いま、そのようにして前近代に立ちもどって、部分社会の自治から社会を建て直したほうがうまくいくのである。

■法令遵守《じゅんしゅ》が日本を滅ぼし、談合復活が日本を救う

こういう発想は、近代化によって達成された進歩を無にするものであるかのようにいわれることがあるが、まったくそうではない。むしろ逆である。それは、談合復活とは正反対のかたちでいま盛んに唱えられている「コンプライアンス」なるものの中身を検討してみればわかる。

「コンプライアンス」は「法令遵守《じゅんしゅ》」ということだとされている。法で決まっていることをちゃんと守るという文化を確立しなければならない、というのだ。この「法令遵守文化」は、ある意味で「談合文化」の正反対なのである。

近代の日本は、ほんとうに法治国家だったのか、という問題は、前に論じた。近代日本は法治国家などではなかったのだ。

近代日本社会は、ずっと法をタテマエとして建てて、最終的なところでは法で判断するというやりかたでやってきたことは確かである。しかし、現実の場面で法に依拠《いきょ》し、それが現実に合わないなら法をどう変えるかを考えるという発想で基本的にやってきたわけではまったくない。

どうしても解決しない場合には法で判断せざるを得ないし、そういうものとしての法は用意しておくけれど、法に基づく秩序とは別の非公式なシステムをつくっておいて、現場の具体的な実情に応じて問題に対応するというやりかたを採ってきたのだ。

たとえば、以前問題になった耐震強度基準の問題にしても、実際の建築業界の実情を見るならば、それまで現実に耐震強度をクリアして安全を確保できてきたのは、建築確認制度のような建前の法的制度によるものではなかった。建築物の設計者、施工企業、施工技術者、現場技能者などが良心と信頼で結ばれていたからなのだ。建築にたずさわる者としての良心とおたがいの信頼で結ばれた非公式なシステムが動いてきたからなのだ。そこにおいては、それぞれの人たちは、法を守るかどうかを基準にして働いてきたのではない。社会に対して責任を果たしているかどうかを問題にして働いてきたのだ。

これは建築に限った話ではない。それぞれの分野での仕事に、このようなかたちで働いてきた非公式なシステムを見いだすことができるだろう。談合を通した合意システムは、こうした非公式なシステムの代表的なものだったのである。

ところが、談合文化否定が高まってくると同時に唱えられてきた「コンプライアンス」においては、社会に対して責任を果たしているかどうかではなくて、法を守っているかどうかをまず問題にしろということになる。そうすると、問題を現場から引き上げて、全体の場に出してオープンにして、法という基準に照らして判断しろということになる。

そのとき、ヨーロッパの場合はともかく、少なくともいまの日本の場合には、そのようなやりかたは現場の論理とは切り離された絵空事の論理を基準にすることにつながっていってしまうのだ。

そして、企業活動全体から見るならば、企業経営者が「法令遵守」を宣言しておくことは、違法行為が発覚した場合の「言い訳」を用意しておくことにすぎず、企業内部では「違法リスク」を恐れて新たなチャレンジを差し控えるという結果を生むことにしかならない。これは、トラブルや問題の解決ということから考えると、問題が起きている現場からの逃亡、解決からの逃亡である。下から上に上げ、部分から全体に上げ、それによって法の問題として抽象化・一般化してしまって逃げるということにほかならないのだ。

英和辞典を引くと、compliance（コンプライアンス）とは、もともと「要請に沿うこと」という意味だと書いてある。仕事のやりかたは、何の「要請に沿って」判断されるべきなのか。社会的な要請なのか、法の要請なのか。コンプライアンスの専門家である郷原信郎は『「法令遵守」が日本を滅ぼす』（新潮新書）のなかで、この問題に対して、「コンプライアンス」とは「法令遵守」である以前に「社会的要請への適応」であるべきだとのべている。組織の活動は、国家に適応させる（法令遵守）よりも、社会に適応させる（社会的責任）ことのほうが先決なのである。それがまっとうな仕事のやりかたというものである。

郷原は次のようにのべている。

「大切なことは、細かい条文がどうなっているなどということを考える前に、人間としての常識にしたがって行動することです。そうすれば、社会的要請に応えることができるはずです」

「本来人間がもっているはずのセンシティビティというものを逆に削いでしまっている、

失わせてしまっているのが、今の法令遵守の世界です」

「公共調達に関しては、品質や安全性が高い社会資本整備を可能な限り低価格で行なっていくことが社会の要請のはずなのに、入札での価格競争を行なっているか否か、談合をやっているか否かという『法令遵守』だけが唯一の価値基準になってしまっているところに最大の問題があります」

そのとおりである。逆のやりかたをしなければならないのだ。

それぞれがオレは法令通りにやっているから問題ないと決め込んで勝手にやって、問題やトラブルが起きたら司法の場で解決するというのがアメリカ流の「私本位」社会のやりかただ。

それに対して、現場で当事者が具体的に問題に取り組んで、協議によって解決に取り組むのが日本流の「相互扶助」社会の優れたやりかただ。それが日本社会では、どこでもおこなわれてきた当たり前のやりかただったのだ。その典型が談合文化なのである。

それが崩されている。そして、「コンプライアンス」の押しつけは、それをみずからさらに崩そうとしている。それを防がなければならない。談合文化を復活させなければならない。

法令遵守は日本を滅ぼし、談合復活が日本を救うのだ。

■談合は「オヤ」と「コ」の関係につらぬかれている

談合文化はまだ死んではいない。まだ生きている談合文化に依拠しながら関係づくりをしていけば、談合復活はできる。

たとえば、神奈川県の横浜では、土建業者の自治としての談合が守り抜かれ、しかも公正取引委員会が摘発や調査の手を入れたことが一度もなかった。なぜそういうことが可能だったのだろうか。

業界自治としての談合といっても、各地方、各都市によってやりかたが違うが、概して政治家にべったり結びついて、その差配のもとで談合しているところが多かったし、また仕切り役をゼネコンの幹部など業界有力者が務めていることが多かった。この場合の政治家というのは、自分の利権のために談合を利用している利権政治家であり、ゼネコンの幹部というのは、下請を支配するために談合を利用している大企業の手先である。そういうものに守ってもらって談合をやっているところが多かったのである。だから、癒着型談合にしかならなかったのだ。

ところが、横浜の場合、政治家との結びつきの点では、自民党の小此木《おこのぎ》彦三郎《ひこさぶろう》（神奈川三区・小此木八郎《はちろう》の父）という国会議員がいて、この小此木がガードして、地元土建業界に政治家がやたらに介入することを許さなかった。小此木彦三郎は、横浜市議からたたき上げた「任侠《にんきよう》政治家」で、業界との信頼関係の下に、ヤクザの親分がシマを守るように横浜の地元を守ってきたのである。

また、横浜では業界有力者にも頼らなかった。業界の外にいる顔役にガードしてもらったのだ。横浜には藤木《ふじき》企業の藤木幸太郎《こうたろう》という港湾関係の支配権をにぎっている顔役がいた。横浜の地元土建業者は、この藤木に頼ったのである。藤木は、横浜の官の関係、民の関係の介入を抑えて、地元土建業者の談合にくちばしを入れさせなかった。また、地元業者間での争いを抑える役割も果たした。藤木幸太郎は、沖仲士《おきなかし》からたたき上げて横浜の港湾荷役を仕切るようになった男で、裏の世界もしっかりと押さえていた。

つまり、横浜の談合は、小此木彦三郎と藤木幸太郎という、二人のしっかりした「オヤ」をもっていたということだ。談合というのは、結局、親方・子方、親分・子分という「オヤ・コ」関係につらぬかれている。だから、自治を守るうえでは、しっかりしたオヤが不可欠なのだ。これは重要なことである。

「任侠」だとか「顔役」だとか「オヤ・コ」関係だとかいうと、すぐ封建的だとか非民主的だとかいうが、そんなことはない。業界の自治、自己決定・自己統治の民主主義を守るために、オヤを戴《いただ》いて「上」や「外」の介入や圧迫に対抗していくのは賢明なやりかたなのだ。それを「オヤ」の「コ」に対する「封建的支配」にするもしないも、むしろ「オヤ・コ」関係の堅固さにかかっているのである。堅固な「オヤ・コ」関係というのは、たとえ利害関係が絡んでも、単なる利害関係で動くのではなく義理と心情のレベルでの結びつきを保つことができる関係のことを言うのである。このへんの道理は、『ヤクザと日本——近代の無頼』（ちくま新書）の「義理と人情、顔と腹」の章に書いたから、読んでほしい。

われわれにとっては、むしろ、そのようにして、一見「封建的」に見え、確かに「非近代的」ではあるが、自治にとっては有効なものである関係を通って、自治としての談合にもどっていくことが必要とされているのではないだろうか。

■「自治としての談合」へもどろう

もう一つ、横浜の自治としての談合を守ったものがある。一九六三年（昭和三八年）から七八年まで市長を務めた飛鳥田一雄《あすかたいちお》の存在も大きかったのだ。飛鳥田は、社会党最左派の平和同志会に所属していたが、もともと横浜市議から出発した地域密着型政治家で、地域自治を強く推進してきた首長であった。その飛鳥田が、地域産業を守るために地元業者の談合を擁護してきたのである。また、七五年から九五年まで続いた長洲一二《ながすかずじ》の革新県政も、地域自治の観点から地元産業を擁護する施策を進めた。長洲も、かつては共産党の構造改革派に属した左翼である。

革新自治体が談合を擁護したのは、横浜だけではない。たとえば、私が商売をしていた京都では、長く続いた蜷川《にながわ》革新府政が、やはり地元業者の自治としての談合を容認し、むしろ支援していた。だから、土建業などの生業を持つ、いわゆる稼業ヤクザの元締めである増田《ますだ》組などが、共産府政といわれた蜷川に対する支援を惜しまなかったのである。地域共産党と地域分権ヤクザの接点は、地域自治にあったのだ。

そのころは、共産党も、自治型談合を癒着型談合とは区別して擁護していたのだ。たとえば、それよりのちになってからでも、一九八六年（昭和六一年）国会の建設委員会で、当時共産党副委員長だった上田耕一郎《うえだこういちろう》は、「談合問題、我々も大いに取り上げたんですけれども、私どもは大企業と中小企業と区別していまして、中小企業の受注調整というのはあり得る。最初からそういう立場でしてね」と発言している（参議院会議録情報）。

なぜ革新自治体やかつての共産党が談合を擁護したのか。一見「封建的」に見える関係が、地域自治を発展させるうえで役立ったからだ。自治としての談合は、そういう役割を果たしうるものだったのだ。ここのところをよく考えなければならない。

このような横浜など自治型談合を守ることができたところの経験は、これから自治としての談合文化を復興していくうえで示唆するところが大きい。こうした経験から学びながら、自治としての談合にもどっていかなければならない。

■新しい自治と掟の創造へ

ところが、いま日本社会では、権利や民主主義のとらえかたが逆転してしまっている。権利とは人権という普遍的理念が適用されて生まれるものであるかのように考えられ、民主主義とは平等という普遍的理念を政治に適用するものであるかのようにとらえられている。これはまったくの本末転倒である。

みんなが同じで、もっているものに区別がないから、権利や民主主義があるのではない。現実の生活において、もちうるものが違い、不平等であるから、一人ひとりがその違いを埋め、不平等と闘うために具体的な内容をもった権利、具体的な武器としての民主主義を主張するのだ。民主主義というのは、統治する者と統治される者が一致するということであり、自己統治、自治のことなのだ。自己が自己を統治するための原理なのであり、普遍的理念に従属するためにあるのではない。目的と手段の関係が逆なのだ。

この本末転倒をやると、問題が現場から遊離させられて、抽象的な問題に還元されてしまうから、自分の直接的な関係から離れてしまい、自分の問題ではなくなる。そうすると、いつの間にか他人任《まか》せになり、自分で責任をもった行為をおこなうことがなくなる。

このようにして、抽象的な無区別・無差別として考えられた権利や民主主義を現実に区別があり差別がある社会にあてはめるという逆立ちしたかたちで考えられることになるなら、「差別がない明るい社会」ではなくて、そんな抽象的なスローガンのような理念が独り歩きするだけで、実際には、だれもが行為に責任をもたない「差別がないことになっている暗い社会」が出来上がるだけなのだ。「談合がないことになっている暗い社会」ではなくて、「談合もある明るい社会」をつくらなければならない。

明治維新後に、前近代の部分社会にあった自治、そこにあった掟の世界を上から解体して、近代法の世界を強行的につくりだした日本は、戦後は、本来自己統治つまり自治である民主主義を、これまた部分社会すなわち掟の世界における自己統治の上にではなく、それとは切れたものとして外から理念としてもってきてふりまわしたのであった。それは、近代的な形で掟がふたたび創り出されることを阻《はば》んできたのだ。

こうして進められてきた日本の近代化によって、日本社会は、西洋の近代精神はみずからのものにならず、かといって伝来の日本精神は空洞化するという、虻蜂《あぶはち》取らずの状態に陥ってきたのであった。そして、いま日本は、虻蜂取らずの総仕上げに入っているのではないか。

自分でないもの（西洋的なもの）にむかって完成していく自分（日本）は、そのなかで、もともと自分でないものを利用して自分が自分であろうとした（西洋的なものを利用して日本が日本であろうとした）のに、それによって、かえってその自分が見失われようとしている。

その自分をもう一度見つけ出し、取りもどそうではないか、というのが、私の談合復活論、談合文化復興論の肝《きも》なのである。これは、近代化をやり直すということではない。近代化をやり直すことなんてできはしない。また、近代化以前にもどるということでもない。たとえ精神的にであっても徳川時代にもどるのは無理である。

むしろ、いま日本社会は次の社会すなわち脱近代の社会にむかって動きだしている。そして、この動き、脱近代化の過程を、かつてたどった近代化の過程とはちがったものにすることはできるのである。

この脱近代化の過程の中で、かつての近代化とは逆に、部分社会を復活させ、部分社会の社会規範である掟を復活させていくことが、カギになっているのではないか、と私は考えている。だから、実現されるべき談合復活、談合文化再興は、単なる復活、復興ではなくて、新しい自治と掟の新生、創造にほかならないのである。

文庫版あとがき

本書旧版『談合文化論』を上梓したのは二〇〇九年（平成二一年）のことであった。

独占禁止法が改正されて談合取り締まりが強化され、建設業界が「脱談合宣言」をおこなって表向きには談合が消滅したのが二〇〇五年（平成一七年）。それから四年経った当時は、長年にわたって日本産業界の底部を支配していた「談合文化」が全面否定されたことによる弊害が随所に噴出しはじめていたころであった。

そうした状況において、日本社会にとって「談合」というのはどういう意味をもち、どういう機能を果たしてきたものなのか、さかのぼって歴史的に明らかにしようとした本書は、土木建設業界にかぎらず、日本の産業のありかた、社会のありかたを考える人たちに、これまでにない視点からの問題提起をおこなうものとなったと評価された。

それから五年経った。

この五年間には、二〇〇九年秋の民主党政権成立、二〇一一年三月一一日の東日本大震災・福島第一原発事故、翌二〇一二年一二月の民主党政権崩壊・自民党安倍政権成立、そしてこれまでの経済政策を大きく転換するいわゆるアベノミクスの展開といった重大事象が続き、日本社会は大きく揺れた。

民主党政権は、「脱官僚支配・政治主導」の実現を掲げて、「国民の生活が第一」の政治・経済への転換がおこなわれるはずであった。もし、それがそのとおりにおこなわれていれば、「談合文化」をめぐる状況も大きく変わったはずである。だが、実際には政策具体化はそのようには進まず、混迷を重ねた末に、事態はむしろ悪化したのであった。

東日本大震災・原発事故は、すべての日本人に大きな衝撃をあたえ、意識に変化をもたらすとともに、日本社会のありかたに再考をうながす契機となった。その変化は、人と人との結合をめぐる文化的な変動をはらみながら進行している。また、震災・原発事故からの復興の遅れは、地域産業と住民自治の衰退・崩壊状況をあらためて白日の下にさらすこととなり、「談合文化」を含む地域産業の自生的再生の方向性を問うものとなった。

こうした状況のもとで発足した安倍政権は、一方で、金融・財政政策などでケインジアン流の有効需要創出政策への復帰をおこなうなど、小泉政権以降の新自由主義路線の転換を示しながら、他方で、産業政策・雇用政策などで資本に対しては小泉時代以上の規制撤廃、企業の自由拡大政策をおこない、特定秘密保護法制定など市民的自由に対して規制を強化する方向をとっている。また、「国土強靭化」の名のもとに拡大されている公共投資は、土木建設業界のありかたに影響を及ぼし、「談合文化」の再考をうながすきっかけにもなろうとしている。

このような五年間の出来事と、それによる社会の変化をふまえて検討しなおしてみて、われわれの「談合文化」に対する考え方を変える必要はまったくないという結論に達した。むしろ、「脱官僚支配」にしても、震災・原発事故からの復興にしても、地域産業・地域自治の自生的再生にしても、「国土強靭化」の名で唱えられている災害に強い国土建設にしても、本書で明らかにした「談合文化復活による部分社会の自治の創造」をめざすことこそが取るべき方向であることが、ますます明らかになってきているのではないだろうか。

したがって、本書の記述は、若干の字句の修正を除いて、ほとんど改めることなく、冒頭の部分の構成を変えるとともに、この五年間の出来事についての章を設け、その部分に限って加筆するにとどめた。そして、全体として日本近代における談合をめぐる社会関係の歴史的考察を中心に叙述していることに鑑み、『談合文化』と改題した。

いま、東京オリンピック開催が決定され、オリンピックに対応する都市改造か、首都直下型地震に対応する地域からの防災都市づくりか、が問われている。このような選択は、今後も、たとえば、超高速のリニア新幹線建設か、地域の足を確保する低速交通機関中心の公共交通網整備か、というように、さまざまなかたちで現れてくるにちがいない。そうした選択において、われわれが立つべき基本的な立場について、本書が何らかの示唆をあたえるものになれば幸いである。

二〇一四年十一月

宮崎学

参考文献

本書の叙述に直接利用させていただいた文献のうち、書籍、雑誌論文のみを掲げる。新聞掲載のものは、本文中に紙名・掲載年月日を注記してある。

著者・編者の五十音順に記した。

複数の版がある場合は、本書著者が利用した版を記した。その後文庫化されたものは文庫版を記した場合がある。

青木理・辻恵・宮崎学『政権崩壊』（角川書店、二〇一三年）
青山秀夫『マックス・ウェーバーの社会理論』（岩波書店、一九五〇年）
網野善彦・宮田登『歴史の中で語られてこなかったこと』（洋泉社、一九九八年）
有賀喜左衛門『日本家族制度と小作制度』、有賀喜左衛門著作集第二巻（未來社、一九六六年）

岩本由輝「ムラの談合」、『現代の世相6　談合と贈与』（小学館、一九九七年）
ヴェーバー、マックス［世良晃志郎訳］「支配の社会学」［中村貞二・山田高生訳］「新秩序ドイツの議会と政府」、世界の大思想第三巻（河出書房新社、一九七三年）
運輸省『運輸白書』平成八年度（大蔵省印刷局、一九九七年）
大窪一志『「新しい中世」の始まりと日本』（花伝社、二〇〇八年）
神奈川県立博物館『横濱銅版畫』（有隣堂、一九八二年）
亀本和彦「公共工事と入札・契約の適正化」、『レファランス』二〇〇三年九月号
川上徹・大窪一志『素描・1960年代』（同時代社、二〇〇七年）
川島武宜・渡辺洋三『土建請負契約論』（日本評論新社、一九五〇年）
岸信介・矢次一夫・伊藤隆『岸信介の回想』（文藝春秋、一九八一年）
金三雄『日帝は朝鮮をどのように滅ぼしたか』（図書出版 Saram Gwa Saram、一九九八年）
栗本慎一郎『純個人的小泉純一郎論』（イプシロン出版企画、二〇〇六年）
郷原信郎『「法令遵守」が日本を滅ぼす』（新潮新書、二〇〇七年）
小室直樹『日本人のための経済原論』（東洋経済新報社、一九九八年）
佐々木実「小泉改革とは何だったのか―竹中平蔵の罪と罰―」後編、『現代』二〇〇九年一月号［『市場と権力―「改革」に憑かれた経済学者の肖像―』講談社、二〇一三年に

改稿して再録」
佐藤慶幸『官僚制の社会学』（文眞堂、一九九一年）
佐藤常雄・大石慎三郎『貧農史観を見直す』（講談社、一九九五年）
司馬遼太郎『翔ぶが如く』10（文春文庫、二〇〇二年）
関岡英之『拒否できない日本』（文春新書、二〇〇四年）
高橋裕『現代日本土木史』（彰国社、二〇〇七年）
武田晴人『談合の経済学』（集英社文庫、一九九九年）
田中角栄『私の履歴書』（日本経済新聞社、一九六六年）
田中角栄『日本列島改造論』（日刊工業新聞社、一九七二年）
田中一昭『道路公団改革　偽りの民営化』（ワック、二〇〇四年）
田中圭一『村からみた日本史』（ちくま新書、二〇〇二年）
辻清明『日本官僚制の研究』（東京大学出版会、一九九五年）
土持保・大田通『建設業物語』（彰国社、一九五七年）
灯油裁判対策会議『主婦たちの灯油裁判』（花伝社、一九八九年）
土木学会『日本土木史』明治以前（土木学会、一九三六年）
土木工業協会・電力建設業協会『日本土木建設業史』（技報堂出版、一九七一年）

中野卓『商家同族団の研究』（未來社、一九六四年）
中野卓『下請工業の同族と親方子方』（御茶の水書房、一九七八年）
新野哲也『だれが角栄を殺したのか？』（光人社、一九九七年）
日本鉄道建設業協会『日本鉄道請負業史』明治篇（日本鉄道建設業協会、一九六七年）
野口悠紀雄『1940年体制』（東洋経済新報社、一九九五年）
早坂茂三『駕籠に乗る人・担ぐ人』（祥伝社、一九九四年）
東谷暁「竹中平蔵、西川善文、宮内義彦三氏の『お仲間』資本主義」、『文藝春秋』二〇〇九年四月号
福武直『日本農村の社会的性格』、福武直著作集第四巻（東京大学出版会、一九四九年）
藤原弘達『官僚の構造』（講談社現代新書、一九七四年）
細川護貞『情報天皇に達せず』下（同光社磯部書房、一九五三年）
穂積八束「民法出でて忠孝滅ぶ」、『穂積八束集』（信山社出版、二〇〇一年）
牧野良三『競争入札と談合』（都市文化社、一九八四年）
マルクス、カール［長谷部文雄訳］『資本論』1、世界の大思想第一八巻（河出書房新社、一九六四年）
宮崎学『ヤクザと日本――近代の無頼』（ちくま新書、二〇〇八年）

宮崎学『法と掟と』（角川文庫、二〇〇九年）
宮崎学『近代ヤクザ肯定論』（ちくま文庫、二〇一〇年）
宮崎学『「自己啓発病」社会』（祥伝社新書、二〇一二年）
宮崎学＋近代の深層研究会『安倍晋三の敬愛する祖父岸信介』（同時代社、二〇〇六年）
宮本常一『宮本常一著作集』第一〇巻（未來社、一九七一）
武藤富男『私と満州国』（文藝春秋、一九八八年）
村上正邦・平野貞夫・筆坂秀世『自民党はなぜ潰れないのか』（幻冬舎新書、二〇〇七年）
村串仁三郎『日本の伝統的労資関係』（世界書院、一九八九年）
山崎裕司『談合は本当に悪いのか』（洋泉社、一九九七年）
翼賛運動史刊行会『翼賛国民運動史』（翼賛運動史刊行会、一九五四年）
吉本重義『岸信介傳』（東洋書館、一九五七年）
利光三津夫・笠原英彦『日本の官僚制　その源流と思想』（ＰＨＰ研究所、一九九八年）

談合文化

一〇〇字書評

切り取り線

購買動機（新聞、雑誌名を記入するか、あるいは○をつけてください）

□（　　　　　　　　　　　　）の広告を見て
□（　　　　　　　　　　　　）の書評を見て
□ 知人のすすめで　　　　□ タイトルに惹かれて
□ カバーがよかったから　□ 内容が面白そうだから
□ 好きな作家だから　　　□ 好きな分野の本だから

●最近、最も感銘を受けた作品名をお書きください

●あなたのお好きな作家名をお書きください

●その他、ご要望がありましたらお書きください

住所	〒				
氏名		職業		年齢	
新刊情報等のパソコンメール配信を 希望する・しない	Eメール	※携帯には配信できません			

あなたにお願い

この本の感想を、編集部までお寄せいただけたらありがたく存じます。今後の企画の参考にさせていただきます。Eメールでも結構です。

いただいた「一〇〇字書評」は、新聞・雑誌等に紹介させていただくことがあります。その場合はお礼として特製図書カードを差し上げます。

前ページの原稿用紙に書評をお書きの上、切り取り、左記までお送り下さい。宛先の住所は不要です。

なお、ご記入いただいたお名前、ご住所等は、書評紹介の事前了解、謝礼のお届けのためだけに利用し、そのほかの目的のために利用することはありません。

〒一〇一-八七〇一
祥伝社黄金文庫編集長　吉田浩行
☎〇三（三二六五）二〇八四
ohgon@shodensha.co.jp

祥伝社ホームページの「ブックレビュー」からも、書けるようになりました。
http://www.shodensha.co.jp/bookreview/

祥伝社黄金文庫

談合文化《だんごうぶんか》　日本《にほん》を支《ささ》えてきたもの

平成26年12月20日　初版第1刷発行

著　者　宮崎《みやざき》　学《まなぶ》
発行者　竹内和芳
発行所　祥伝社《しょうでんしゃ》
〒101－8701
東京都千代田区神田神保町3－3
電話　03（3265）2084（編集部）
電話　03（3265）2081（販売部）
電話　03（3265）3622（業務部）
http://www.shodensha.co.jp/

印刷所　萩原印刷
製本所　ナショナル製本

　ISBN978-4-396-31654-9 C0195

祥伝社黄金文庫

荒井裕樹
プロの論理力！
4億の年収を捨て、32歳でMBA取得に米国留学！　さらに大きくなり戻ってきた著者の「論理的交渉力」の秘密。

池谷敏郎
ここ10年で、これだけ変わった！ 最新医学常識99
ジェネリック医薬品は同じ効きめ？　睡眠薬や安定剤はクセになるので、やめる？　その「常識」、危険です！

池谷敏郎
知らずに飲んでる 最新「薬」常識88
薬は、お茶で飲んではいけない？　市販薬の副作用死が毎年報告されている？　その「常識」、確認して下さい。

井沢元彦
歴史の嘘と真実
井沢史観の原点がここにある！　語られざる日本史の裏面を暴き、現代の病巣を明らかにする会心の一冊。

井沢元彦
誰が歴史を歪《ゆが》めたか
教科書にけっして書かれない日本史の実像と、歴史の盲点に迫る！　著名言論人と著者の白熱の対談集。

井沢元彦
日本史集中講義
点と点が線になる――この一冊で、日本史が一気にわかる。井沢史観のエッセンスを凝縮！

祥伝社黄金文庫

泉 三郎
堂々たる日本人
この国のかたちと針路を決めた男たち——彼らは世界から何を学び、世界は彼らの何に驚嘆したのか？

泉 三郎
岩倉使節団 誇り高き男たちの物語
岩倉《いわくら》具《とも》視《み》、大久保利通、木戸孝允、伊藤博文——国の命運を背負い、海を渡った男たちの一大視察旅行を究明！

上田武司
プロ野球スカウトが教える 一流になる選手 消える選手
一流の素質を持って入団しても、明暗が分かれるのはなぜか？ 伝説のスカウトが熱き想いと経験を語った。

上田武司
プロ野球スカウトが教える ここ一番に強い選手 ビビる選手
チャンスに強く、ピンチに動じない勝負強い選手の共通点とは？ 巨人一筋44年の著者が名選手の素顔を！

漆田公一＆デューク東郷研究所
究極のビジネスマン ゴルゴ13の仕事術 なぜ彼は失敗しないのか
商談、経費、接待、時間、資格——危機感と志を持つビジネスマンなら、ゴルゴの「最強の仕事術」に学べ！

沖 幸子
50過ぎたら、ものは引き算、心は足し算
「きれいなおばあちゃん」になるために。今から知っておきたい、体力と時間をかけない暮らしのコツ。

祥伝社黄金文庫

小石雄一
「人脈づくり」の達人
こんなに楽しい世界があった！

人脈地図の作り方、電子メール時代のお返事作法など、お金も時間もかけずにこれだけのことができる！

小宮一慶
新版
新幹線から経済が見える

「のぞみ」でわずか2時間半の東京――新大阪間。その車内にも生の経済がわかるヒントが転がっていた！

酒巻 久
椅子とパソコンをなくせば会社は伸びる！

売上が横ばいでも、利益は10倍に！キヤノン電子社長が実践した「高収益体質」のノウハウと改善策！

酒巻 久
キヤノンの仕事術
「執念」が人と仕事を動かす

仕事に取り組む上で、もっとも大切なこととは何か――本書では〝キヤノンの成長の秘密〟が明かされる！

清水馨八郎
侵略の世界史

500年のスパンで俯瞰して初めて見える歴史の真実。「米国同時多発テロの背景と日本の対応」を緊急収録。

清水馨八郎
裏切りの世界史

謀略と奸計の渦巻く国際社会の中で一人、日本だけがウブでお人好しで、金をむしり取られている！

祥伝社黄金文庫

宋 文洲
ここが変だよ
日本の管理職
なぜ業績が伸びないのか？　三流管理職の意識改革と科学的マネジメントで、効率は驚異的にアップする！

高橋俊介
いらないヤツは、一人もいない
「会社人間」から「仕事人間」になる10カ条
わが国きっての人材マネジメントのプロが贈る〝含み損社員〟償却の時代を生き残るための10カ条。

中嶋嶺雄
なぜ、国際教育大学で人材は育つのか
開学7年で東大・京大レベルの偏差値になった新設大学の奇跡！　生き残る人材の条件を浮き彫りにする。

成毛 眞
日本人の9割に英語はいらない
緊急提言！「社内公用語化」「TOEIC絶対視」「小学校での義務化」――英語偏重社会に「喝！」。

林田俊一
黒字をつくる社長　赤字をつくる社長
頑固でワンマンで数字に弱い社長、ものも言えない取り巻きたち――気鋭のコンサルタントが明かす社長の資質。

弘中 勝
会社の絞め殺し学
ダメな組織を救う本
商売が楽しくなる、一騎当千の経営兵法。超人気メールマガジン『ビジネス発想源』の著者、渾身の書下ろし！